KB261533

0~3세
육아법 베스트 30

3SAI MADENI YATTE OKITAI IKUJIHO BEST 30

Copyright ⓒ2011 MARCOSHA Co., Ltd.

All rights reserved.

No part of this book may be used or reproduced in any manner
whatsoever without written permission except in the case of brief quotations
embodied in critical articles and reviews.

Originally published in Japan by sanctuary publishing inc.
Korean Translation Copyright ⓒ 2011 by For Book Publishing Co.
Korean edition is published by arrangement with MARCOSHA Co., Ltd.
through BC Agency

이 책의 한국어판 저작권은 BC 에이전시를 통한
저작권자와의 독점계약으로 포북에 있습니다. 저작권법에 의해
한국 내에서 보호를 받는 저작물이므로 무단 전재와 복제를 금합니다.

0~3세 육아법 베스트 30

마르코샤 편집부 엮음

안소현 옮김

차 례

| 취재에 협력해주신 분들 |

마스타니 유키노

'NPO법인 일본육아상담자협회'의 육아상담자 양성 강좌 강사. 보육사 양성 전문학교 교사를 지냈고, NP프로그램 인정 조력자로 해마다 수많은 부모와 배움의 장을 열어서 육아와 관련된 강연 활동을 펼치고 있다.

와쿠 요조

'두근두근 창조아틀리에' 대표. 1989년에 나무 쌓기 블록, 나무 장난감 등 어린이 완구로 아이들의 창조력과 공생 의식을 키우는 '어린이 완구관'을 설립했다. 유아들의 교육에 대한 다양한 강연은 물론, 미술대학교와 유아교육자 양성학교에서도 그 능력을 펼치고 있다.

후쿠오카 준코

소규모 유아 교실로 일본에서 인기가 높은 '엄마와 아기의 옴니파크' 대표. 생생한 교육 현장에서 활동하는 까닭에 젊은 엄마들에게 신뢰를 듬뿍 받고 있다. 『IQ 140인 아기가 배우는 놀이 규칙』 등의 저서가 있다.

우에노 미도리코

조기 교육, 유아 교육 및 아이의 예절을 가르치는 조언자. 현재 교육 컨설턴트로 활발한 활동을 펼치고 있으며 교육과 육아를 주제로 한 원고 집필과 강연에 매진하고 있다.

일본의 젊은 엄마들이 직접 체험한 최고의 육아법을 만나 보세요

"아이의 가능성을 한껏 펼쳐주고 싶다. 능력과 재능을 키워주고 싶다."

부모라면 누구든지 이렇게 생각하지 않을까요? 그래서 다양한 지능 계발과 지식 교육법에 눈을 동그랗게 뜨고 귀를 쫑긋 세워가며 관심을 기울이는 엄마들이 많을 것입니다.

하지만 막상 지능 계발과 지식 교육법을 시도해 보려고 해도 이미 너무 많은 방법과 이론이 소개되어 있기 때문에 무엇을 어떻게 적용하면 좋을지 몰라 망설이게 됩니다. 실제로 일본에는 〈요코미네 요시후미 방식〉과 구보타 기소우와 가요코 부부가 말하는 〈구보타 방식〉, 그리고 우뇌 교육의 일인자인 시치다 마코토 씨의 〈시치다 방식〉 등 다양한 두뇌 발달 교육법이 있습니다. 단순히 영어 교육 하나만 보더라도 참으로 다양한 학습법이 소개되어 있을 정도입니다.

최대한 연구해서 우리 아이에게 딱 맞는 교육법을 고르거나 모든 방식을 골고루 시도해 보고 싶지만, 아기를 키우는 엄마는 날마다 육아와 가사에 쫓겨 그럴 만한 시간과 여유가 없습니다. 더구나 아기는 마냥 아기인 채로 느긋하게 기다려주지 않고 하루가 다르게 쑥쑥 자라납니다.

그렇다고 텔레비전에서 소개하는 화제의 지능 계발과 지식 교육법을 따라해 본다고 한들 기대했던 만큼의 효과가 나타나지도 않으니, 그저 걱정스럽기만 할 뿐입니다. 내 아이의 성격에 맞는다거나 혹은 맞지 않는다고 하는 개인 성향별 문제도 있습니다. 이를테면 부모가 아무리 영어를 가르쳐보려고 기를 써도 아이가 영어에 전혀 흥미를 보이지 않는 경우도 있기 때문입니다.

무엇보다 지능 계발과 지식 교육의 효과는 단번에 겉으로 드러나지 않습니다. 꾸준히 계속하다 보면 아이가 성장하면서 비로소 지능 계발과 지식 교육법의 효과를 실감하게 될 것입니다. 그렇다면 도대체 어떤 지능 계발과 지식 교육법을 선택하는 것이 좋을까요?

마르코샤 편집부에서는 실제로 아이를 키우는 엄마들을 대상으로 인터넷 설문 조사를 실시했습니다. 그리고 엄마들이 평소에 적용해 보고 효과가 있다고 느낀 지능 계발과 지식 교육법만을 이 책에 담았습니다. 그야말로 엄마들에게 인기 있는 교육법을 다 모아놓은 셈입니다. 따라서 요즘 엄마들이 주목하고 있는 화제의 지능 계발과 지식 교육법을 이 책 한 권이면 모두 배울 수 있습니다.

이 책을 '아이의 가능성을 펼치고 재능을 향상시키는 첫걸음'으로 활용한다면 더할 나위 없이 기쁘겠습니다.

이 책에는 일본의 도쿄, 지바, 사이타마, 가나가와에 거주하는, 6세 이하의 아이를 키우는 20~39세 엄마들 1천 명을 대상으로 한 조사 결과가 수록되어 있습니다. 인터넷을 통해 실시한 '실제로 실천해 본 적이 있는 지능 계발과 지식 교육법'에 대한 설문 결과입니다.

이 설문 조사를 바탕으로 엄마들이 "효과가 있었어요"라고 회답해 준 (복수 회답 가능) 지능 계발과 지식 교육법을 한데 모아 소개했습니다.

조사 방법 인터넷 설문 조사

조사 기간 제1차 설문 조사 2010년 5월 26일 ~ 27일
제2차 설문 조사 2010년 6월 8일 ~ 9일

유효 샘플 인원 1천 명

다 알고 있는 소소한 육아법들…
그 속에 담긴 놀라운 비밀이 밝혀집니다!

세상에는 참 많은 육아 책들이 있습니다. 아이를 훌륭하게 키우고 싶은 부모의 마음이 그만큼 간절하다는 뜻이겠지요. 머리 좋은 아이를 만들고, 남보다 앞서 가는 아이로 키우고, 당당하고 자존감 있는 아이로 바로 세우고 싶은 부모 마음이야 다 똑같을 테니까요.

하지만 육아에는 정답이 없습니다. 수많은 기술들이 쏟아지고 있을 뿐이죠. 내 아이에게 맞는 육아의 기술을 골라내는 일만으로도 머릿속은 이내 복잡해지고 맙니다. 그래서 또다시 내 형편에 맞는 육아법을 찾아 수많은 책들을 기웃거리게 됩니다.

이 책을 처음 접했을 때, 사실은 편집자로서가 아니라 아이를 키우고 있는 엄마로서 대단한 아쉬움을 느꼈습니다. 조금만 더 일찍 알았더라면 좋았을 수많은 방법과 그 방법에 대한 구체적인 해설들이 마음을 사로잡았으니까요. 그도 그럴 것이 이 책 속에는 엄마들이 이미 알고 있는, 혹은 실행하고 있는 쉬운 육아법들이 가득 담겨 있습니다. 말할 수 없이 훌륭하지만 실행하기에는 너무 어려운, 허황된 기술 같은 것은 찾아볼 수 없습니다.

그렇다면 이미 알고 있는 육아법들을 군이 한 권의 책으로까지 묶어낸 이유는 무엇일까요? 이것이 바로 '육아법 베스트 30'이라는 제목을 붙인 이유입니다. 수백, 수천 가지의 육아법들 중에서 0~3세 아이들에게 반드시 적용해야 할 최고의 목록들만 추려 놓은 것입니다. 적어도 3세까지는 이 책 하나만 가지고 아이들과 함께 놀아주어도 부족할 것이 없을 만큼, 탄탄한 구성과 쉬운 내용이 독자들의 마음을 사로잡을 것입니다.

게다가 이 책에 수록된 육아법들은 일본의 젊은 엄마들이 직접 체험한 사례를 바탕으로 구성한 것입니다. 어떤 육아법이 좋았는데, 왜 좋았고, 어떻게 시행해서 어떤 효과를 보았는지가 일목요연하게 정리되어 있습니다. 또한 이에 대한 육아 전문가들의 친절한 설명이 첨가되어 있습니다. '일본의 육아법은 우리 실정과 다른 게 아닐까?'라는 걱정도 필요 없습니다. 일본의 엄마들 역시 우리와 똑같은 방식으로 아이를 키우고 있다는 것을 이 책을 통해 다시 한 번 느끼게 될 테니까요.

말하는 것도, 움직이는 것도, 먹는 것도… 모든 것이 서툴기만 한 0~3세 아이들. 사실은 그 아이들이 얼마나 놀라운 두뇌와 능력을 가지고 세상에 태어났는지를 이 책이 다시 한 번 알려줍니다. 그리고 바로 이런 능력들을 한층 효과적으로 계발시킬 수 있는 생활 속의 육아법을 친절하게 설명하고 있습니다. 이 책을 집어든 당신 역시 즐거운 마음으로 여기에 소개된 육아법들을 실천하다 보면 깜짝 놀라게 되는 일이 많아질 것입니다.

한 가지, 또 한 가지. 내 아이의 월령에 맞는 육아법들을 차근차근 실천해 보세요. 어렵지 않게, 행복하게… 내 아이가 쑥쑥 성장해 가는 모습들을 직접 확인할 수 있게 될 테니까요.

잘 놀아주는 것만으로도
아기는 몰라보게 총명해집니다

아기 때부터 지능 계발과 지식 교육을 하면 어떤 효과가 있을까요?

당연한 이야기지만 갓 태어난 아기는 말을 이해하지 못합니다. 하지만 말귀를 알아듣는 능력은 본디 갖고 태어난다고 합니다. 엄마가 하는 말과 외국어를 아기에게 들려주면 두 가지 말을 정확히 식별한다는 실험 결과가 있습니다.

말하자면 사람은 성장하면서 모국어와 외국어를 구별하는 능력을 갖춰가는 게 아니라, 아기 때부터 이미 말을 구별하는 능력을 타고나며 경험에 따라 불필요한 능력을 삭제해 가는 것으로 추정됩니다.

그 한 예로, 일본인은 영어의 ‘L’과 ‘R’의 발음을 정확히 구별하지 못합니다. 그렇지만 아기는 ‘L’과 ‘R’의 발음을 구별하는 능력을 타고난다고 합니다. 단지 엄마가 일본어로 이야기하기 때문에 아기는 ‘L’과 ‘R’의 발음을 구별할 필요성을 느끼지 못하고, 그 때문에 성장하는 동안 그 능력이 점차 사라져서 결국 어른이 되면 ‘L’과 ‘R’의 차이를 구별하지 못하게 된다는 것입니다.

이런 능력은 청각에만 해당되는 이야기가 아닙니다. 사람의 뇌에 있는 ‘시각 영역’이라는 부분에는 얼

굴을 분간하는 능력이 있습니다. 그래서 낯익은 사람의 얼굴과 새롭게 만난 사람의 얼굴을 구별할 수 있습니다. 이렇게 얼굴을 분간하는 능력도 어른보다 아기가 훨씬 뛰어납니다. 사람과 동물을 구분하는 힘, 동물 중에서도 수의사 같은 전문가가 아니면 구별할 수 없는 것들도 아기들은 충분히 구분해 낼 만큼 시각적인 능력이 뛰어나다고 합니다.

그러나 그렇게 우수한 능력을 타고나도 그 능력을 사용하지 않는다면, 뇌가 필요 없다고 판단하고 발달 단계에서 점차 퇴색되어 갑니다. 아기 때부터 지능 계발과 지식 교육을 해야 하는 것은 이런 능력이 사라지는 것을 막기 위해서입니다. 자극을 통해 퇴색되어서는 안 되는 중요한 능력을 아기의 뇌에 알려주는 것입니다.

그러므로 부모들에게 꼭 필요한 것은 '천재로 키우겠다!'라는 의욕보다, 아기가 타고난 놀라운 가능성을 지키기 위해 지능 계발과 지식 교육을 하겠다고 굳게 마음먹는 일입니다. 다시 말해 아기에게 지능 계발과 지식 교육을 시키는 이유는 아기의 타고난 가능성을 펼쳐주기 위해서입니다.

왜 이 모든 교육을 세 살까지 집중해야 할까요?

뇌에는 '시냅스'라는, 신경과 신경이 이어지는 곳이 있습니다. 신경 세포에 정보를 전달하는 역할을 담당하는 곳인데, 이 시냅스는 아기가 태어나면서부터 처음 3년 동안 급격히 늘어난다는 사실이 밝혀졌습니다. 세 살 이후에는 시냅스의 증가 속도가 둔해지고, 뇌의 신경 회로가 정리되는 시기에 접어든다고 합니다.

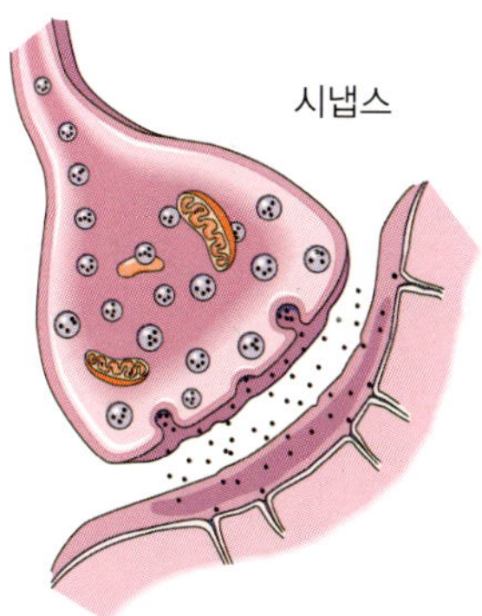

세 살까지 시냅스가 비약적으로 늘어나기 때문에 이 시기에 뇌에 좀 더 많은 자극을 주어야 한다는 것이 지능 계발과 지식 교육을 '세 살'로 한정하는 근거입니다. 이 책에서도 이 근거에 따라 세 살을 기준으로 삼았습니다.

한편 아이가 사시인 경우, 여덟 살까지 치료를 받지 않으면 약시가 된다는 실험 결과에 따라 여덟 살을 기준으로 삼는 견해도 있습니다. 시각 자극을 충분히 받지 못하면 시각 영역의 회로가 형성되지 못하거나 쇠퇴하기 때문입니다. 물론 여덟 살 때까지 아이에게 다양한 시각 자극을 준다고 해서 시력이 평균 이상으로 좋아지는 것은 아닙니다.

이처럼 뇌의 발달 과정에는 풀리지 않는 수수께끼들이 아직도 많이 남아 있습니다. 확실히 세 살까지 시냅스는 급속도로 증가하지만, 단순히 시냅스의 밀도가 높아질수록 두뇌 회전이 빨라진다고 단정하기는 어렵습니다.

세 살을 넘기고 나서도 지능 계발과 지식 교육의 효과가 나타날 가능성은 충분히 있습니다. 그러므로 세 살이라는 기준에 지나치게 얽매이지 말고 자연스럽게 지능 계발과 지식 교육을 시도하는 것이 중요합니다. 내 아이는 벌써 세 살이 지났으니 포기해야 하지 않을까, 라고 생각하는 것은 옳지 않습니다. 지금부터라도 아이의 뇌를 자극해 더욱 똑똑하게 키우기 위한 다음의 과정들을 시작하는 것이 좋습니다.

지능 계발과 지식 교육은 언제부터 시작하는 것이 좋을까요?

아기의 발육은 기관과 감각 영역에 따라, 혹은 개인에 따라 차이가 나기 때문에 일률적으로 말하기는 어

렵습니다. 예를 들어 청각은 아기가 태어나기 전부터 일찌감치 그 기능이 시작됩니다. 아기가 엄마 뱃속에 있으므로 외부에서 나는 소리를 또렷하게 알아듣지는 못하지만, 태아 단계부터 소리의 리듬은 이해하고 있다는 뜻입니다. 또한 아기는 음악이나 이야기하는 언어를 구별하고, 엄마가 구사하는 모국어나 외국인이 말하는 외국어를 '리듬'의 차이로 이미 분별하게 되는 것입니다. '이렇게 발음하는 사람은 우리 엄마'라는 식으로 아기는 뱃속에서부터 일찌감치 엄마를 인식하고 있다는 뜻입니다. 따라서 청각 부분에 대해서는 아기가 태어나기 전부터 태교라는 형태로 지능 계발과 지식 교육을 시작하는 것이 효과적입니다.

운동 분야는 아기가 뭔가를 잡고 간신히 일어날 수 있게 되는 시기부터, 언어 분야는 옹알이를 시작하는 시기부터, 라는 식으로 아기의 발육 상태를 살펴보면서 그 시기에 가능한 지능 계발과 지식 교육을 시작하도록 합니다.

그다음에는 아기가 무엇에 흥미를 갖고 있는지 지속적으로 관찰하는 것이 중요합니다. 엄마가 일부러 자극을 주어도 아기 스스로 재미있다고 생각하고 집중해서 학습하지 않는 한, 큰 효과를 기대하기 어렵기 때문입니다.

아기는 이 세상에 어떤 것이 있는지 전혀 알지 못합니다. 부모가 자극을 줌으로써 비로소 아기는 세상과 접촉합니다. 따라서 아기에게 성장 기회를 주는 것이 부모가 평소에 해야 할 일입니다. 일단 아기에게 다양한 자극을 주어보고, 아기가 흥미를 보이는 자극이 있으면 계속해서 그 자극을 줍니다. 바로 이런 태도가 부모로서 가져야 할 가장 중요한 일인지도 모릅니다.

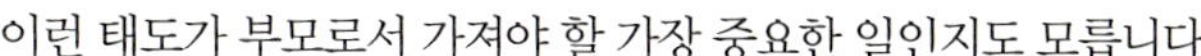

지능 계발과 지식 교육을 할 때 주의해야 할 점과 특히 신경 써야 할 부분이 있을까요?

뇌는 자극을 받는다고 해서 모든 자극을 전부 기억하고 남겨두지는 않습니다. 자극의 빈도와 내용을 따져서 중요하다고 생각되는 것만을 선택해서 뇌 회로에 남겨둡니다. 뇌 회로에 남은 자극은 점차 고정화되고, 그것을 기초로 뇌가 발달해 간다고 합니다.

그러므로 두뇌 발달의 핵심은 '반복'입니다. 공부도 마찬가지인데 뇌는 반복되는 자극을 받음으로써 기억을 저장해 갑니다. 그만큼 반복되는 자극이 중요하다고 느끼기 때문입니다.

예를 들어 영어 교육의 경우, 영어를 모국어로 하는 원어민의 이야기를 들려주고, 음악 교육의 경우에는 훌륭한 연주를 들려주는 식으로 질 높은 '진짜' 소리를 들려주면 그 자극이 기초가 됩니다. 반대로 발음이 나쁜 영어를 계속 들려주면 그 자극이 고정화되어 버립니다. 따라서 뭔가를 보여주거나 들려주는 자극을 통해 아이가 정보를 흡수하게 할 때는 질 높은 '진짜' 자극을 선택하는 것이 중요합니다.

또한 자극이 고정화될 때 아이가 얼마나 '관심'을 보이느냐가 중요합니다. 어른도 좋아하는 것은 쉽게 기억할 수 있다고 합니다. 그것은 아이도 마찬가지입니다. 관심이 가는 자극이 좀 더 오랫동안 아이의 뇌리에 남게 되는 것입니다.

아이들은 오디오 기기에서 일방적으로 흘러나오는 음악이나 비디오에 비치는 영상보다는 교실에서 직접 선생님이 들려주는 이야기, 부모가 해주는 이야기, 그리고 친구들이 알려주는, 재미있다고 느껴지는 이야기를 좀 더 효과적으로 받아들인다는 것을 알 수 있습니다. 이처럼, 아이가 좀 더 관심을 보이고 재미있다고 느끼는 환경을 만들어주는 것이 재능을 향상시키는 비결이라고 할 수 있습니다.

지능 계발과 지식 교육을 할 때 '엄마와 아이가 함께 재미나게 놀면서' 하는 방식을 추천하는 것은 모두 이런 이유에서입니다. 아이도 엄마와 함께라면 더욱 즐겁다고 느끼게 될 것이기 때문입니다.

● 지능 계발을 위한 지식 교육법의 포인트 ●

- 아기는 소리를 구분하는 능력을 타고납니다.

- 사용하지 않는 능력은 뇌가 불필요하다고 판단하여 점차 제거해 갑니다.

- 지능 계발과 지식 교육으로 뇌에 자극을 주는 것은 아기가 원래 갖고 있는 가능성의 싹을 자르지 않기 위해서입니다.

- 뇌의 신경 세포에 정보를 전달하는 시냅스가 가장 많이 늘어나는 시기는 태어나서부터 세 살까지입니다.

- 반복해서 자극을 주면 뇌는 그 자극이 중요하다고 느끼게 됩니다.

- 영어를 들려줄 때는 원어민의 발음으로 들려줍니다. 아기에게는 늘 '진짜 자극'을 주는 것이 중요합니다.

- 마냥 음악을 들려주거나 비디오를 틀어주는 것은 효과가 없습니다. 아기가 흥미를 느껴야 비로소 그 자극이 강화됩니다.

- 아기가 재미있다고 느끼는 환경을 만들어주는 것이 부모의 역할입니다.

- 엄마가 아기와 함께 즐기면서 지능 계발과 지식 교육을 하도록 합니다.

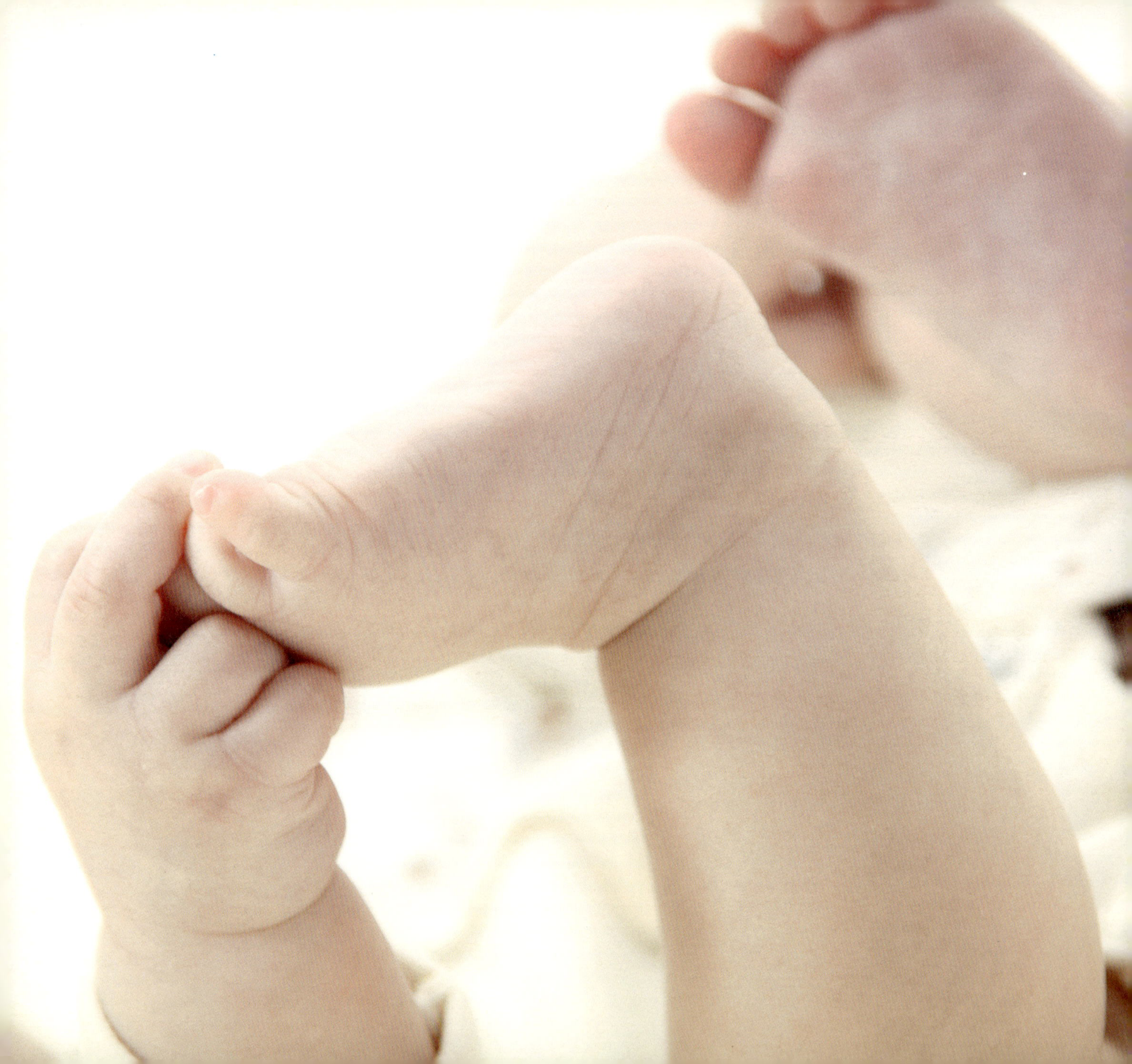

생후 0~3개월 목소리와 다양한 소리를 활용한 교육을 시작해야 할 시기

아기는 1개월이 지나면 눈으로 다양한 물건들을 쭉 따라가면서 볼 수 있습니다. 그리고 2개월이 되면 "아~" "우~"라는 짤막한 소리를 내게 되고, 엄마 목소리를 알아듣거나 반응을 보이게 됩니다. 따라서 목을 서서히 가누기 시작하는 3개월 무렵에는 아기에게 말을 거는 등 목소리와 다양한 소리를 이용한 지능 계발과 지식 교육을 중점적으로 해야 합니다.

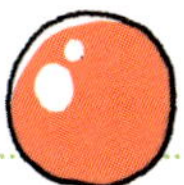 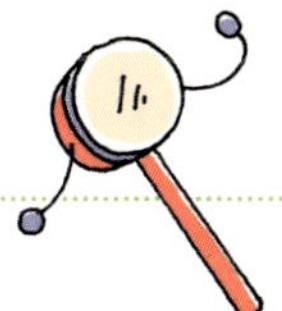

74.1%
엄마들이 효과를
실감했습니다!

아기를 위해 어떤 행동을 하기 전에 먼저 말을 겁니다

? 이것은 어떤 육아법일까요?

행동하기 전의 '말 걸기'는 아기의 뇌를 발달시키는 중요한 행위입니다

아기에게 뭔가를 해줄 때에는 먼저 앞으로 어떻게 돌봐줄 것인지 '소리' 내서 말을 거는 습관을 들이도록 합니다. 아기는 아직 말은 못하지만, 태어날 때부터 언어의 이해를 관장하는 뇌의 '언어 영역'이 이미 활동을 시작하고 있어 말을 많이 걸어줄수록 뇌가 반응을 보이고 자극을 받기 때문입니다.

또한 엄마가 날마다 계속해서 말을 걸어주는 경우, 아기는 4~5개월 무렵이 되면 앞으로 자신에게 무엇을 하려고 하는지 엄마의 행동을 예측하게 된다고 합니다. 따라서 아기에게 말을 걸어주면서 기저귀를 갈거나 수유를 하면 한결 수월하게 할 수 있습니다.

열심히 말을 걸었는데도 아기가 별다른 반응을 보이지 않더라도 실망할 필요는 없습니다. 아기는 엄마의 목소리를 똑똑히 듣고 있으므로 너무 서두르거나 초조해하지 말고 습관적으로 아기에게 말을 거는 것이 중요합니다.

"아직 말을 못 하는 시기에도 아기는 냄새(후각), 보이는 풍경(시각), 맛(미각) 등 오감을 모두 동원해서 자극을 받아들여 외부 세계의 정보를 얻으려고 합니다. 이 시기부터 사람과 사물을 접촉하게 되기 때문에 다양한 감각을 통해 아기가 부드러운 자극을 받게 하는 것이 굉장히 중요합니다."(NPO법인 일본육아상담자협회, 마스타니 유키노)

엄마와 아기의 커뮤니케이션 중 하나로 '말 걸기'를 적극 활용해 보세요.

＊언어 영역… 언어의 이해와 표현을 관장하는 뇌의 영역

무언가를 할 때에는 그 전에 반드시 뭔가를 하겠다고 소리 내서 아기에게 말을 건넵니다.

> **'행동하기 전 말 걸기'를 더욱 잘하기 위한 포인트**
>
> - 뭔가를 해줄 때에는 반드시 '소리' 내서 아기에게 말을 건넵니다.
> - 말 걸기는 뇌를 발달시키는 중요한 행위입니다.
> - 반드시 행동하기 전에, 매번 말을 거는 것이 중요합니다.
> - 반복하다 보면 아기가 엄마의 다음 행동을 예측할 수 있게 됩니다.

'말 걸기' 효과를 실감한 엄마들의 의견

- "엄마가 하는 행동의 의미를 이해하게 되고, 잔소리를 하지 않아도 아기가 잘 따르게 되었어요."(38세, 가나가와)
- "마음의 준비가 되어 있기 때문인지 아기가 말귀를 잘 알아듣고, 정서가 안정되었다고 생각해요."(38세, 지바)

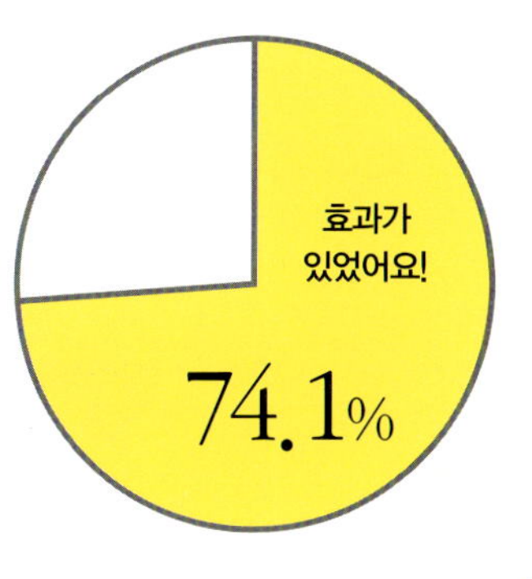

어떤 방법으로 할까요?

반복해서 여러 번, 아기에게 말을 건넵니다

'행동하기 전 말 걸기'는 그리 어려운 일이 아닙니다. 이를테면 기저귀를 갈아줄 때, 우유를 줄 때 등 아기와 뭔가를 할 때는 반드시 엄마가 "앞으로 뭔가를 할 거야"라고 말을 건네고 사용할 물건을 보여주면 됩니다.

예를 들어 우유를 줄 때는 "우유 먹자~" 하고 말을 건네고 아기에게 젖병을 보여줍니다. 중요한 점은 반드시 행동하기 전에 매번 말을 걸어야 한다는 사실입니다. 엄마가 반복해서 행동하면 '젖병'이나 '기저귀' 등 단어와 물건을 같은 것으로 인식하고, 아기는 엄마의 행동을 예측할 수 있게 됩니다. 그러면 엄마가 말을 걸어주기만 해도 아기는 스스로 준비를 하게 됩니다.

어떤 효과가 있을까요?

자발적으로 행동할 수 있는 아이가 됩니다

'말 걸기' 효과를 실감했다는 엄마들이 보내온 의견입니다.

"행동하기 전에 말을 건네니까 아이도 순순히 다음 행동을 준비하게 되었어요."(24세, 도쿄)

"'외출할 거니까 양말 신자'라고 말을 건네고 목적을 알려주었더니 아이가 자발적으로 행동하게 되었답니다."(39세, 도쿄)

"처음에는 아무 효과가 없는 것 같아서 실망했는데 반복해서 말을 거는 습관을 들였더니 어느 순간부터 아이가 느끼고 있다는 확신을 갖게 되었답니다."(28세, 도쿄)

실제로 이 방법을 활용했던 엄마들 중에 아이가 자라면서 점점 더 앞으로의 행동을 확실히 예측하게 되었다는 의견이 많았습니다.

57.1%
엄마들이 효과를
실감했습니다!

물건을 가리키고, 그 이름을 소리 내서 알려줍니다

 **이것은 어떤 육아법일까요?**

갓 태어난 아기도 단어를 기억하기 시작합니다

"이제 막 태어난 아기가 무슨 말을 알아듣겠어? 아직 말도 못 하는데 그게 가능하겠어? 적어도 말을 이해할 수 있을 정도로 뇌가 발달해야만 가능한 일이 아닐까?"

만약에 그렇게 생각하고 있다면 그 생각을 바꿔야 합니다. 아기는 갓 태어났을 때부터 주위에서 들리는 소리를 뇌에 보내기 시작한다는 사실이 밝혀졌기 때문입니다. 따라서 일상생활 속에서 아기에게 이런저런 말을 건네는 것을 적극 추천합니다. 또한 주변에 있는 물건의 이름을 손가락으로 가리키면서 반복해서 말해 주는 교육법을 활용하는 것이 좋습니다.

설문 조사 결과를 보더라도 많은 엄마들이 '손가락으로 가리키며 사물의 이름을 알려주는' 효과를 실감하고 있었습니다.

"아기가 물건의 이름을 굉장히 많이 기억해요."(31세, 가나가와)

"집 안에 있는 물건의 이름을 똑똑히 기억하고, 모를 때는 '이건 뭐예요? 라고 아기가 물어보게 되었어요."(34세, 가나가와)

"물건의 이름을 기억하고, 무엇에 쓰는 도구인지도 이해하게 되었답니다."(37세, 가나가와)

이 방법을 실천했더니 다른 아기보다 자신의 아기가 성장하면서 좀 더 호기심이 왕성해졌다고 느끼는 엄마가 많았습니다. 아기가 일찌감치 물건의 이름을 기억할 수 있게 되자, 다양한 발달로 이어졌다는 체험담도 있었습니다.

방 안의 물건들을 손으로 가리키면서 그 물건의 이름을 소리 내서 아기에게 말해 줍니다.

물건의 이름을 잘 알려주기 위한 포인트

- 아기가 태어나자마자 시작합니다.
- 주변에 있는 물건 등 눈에 보이는 사물의 이름을 소리 내서, 반복적으로 말해 줍니다.
- 물건을 손가락으로 가리키면서 알려주면 더욱 효과적입니다.
- 안아주는 등 스킨십을 하면서 물건의 이름을 알려줍니다.
- 〈시치다 방식〉의 유아 교육에서도 주장하는 내용입니다.

'사물의 이름을 소리 내서 알려주기' 효과를 실감한 엄마들의 의견

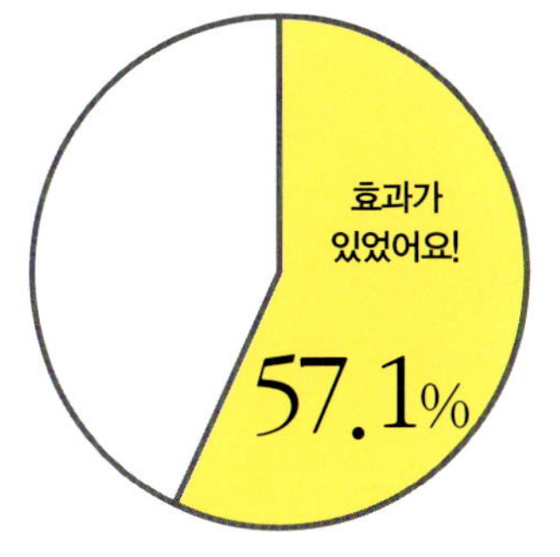

- "물건에 이름이 있다는 것을 이해하고, 거기에 흥미가 생긴 듯해요. 즐겨 말했던 단어들을 곧잘 기억하기도 하고요."(37세, 도쿄)
- "아기와의 대화를 남들보다 좀 더 빨리 시작하게 되었다는 확신을 갖게 되었어요." (36세, 도쿄)

❓ 어떤 방법으로 할까요?

안정감 있게 안아주면서 반복해서 알려줍니다

집 안에서나 외출했을 때나 주변에 있는 물건과 눈에 들어오는 사물의 이름을 소리 내서, 그리고 반복해서 아기에게 말해 줍니다. "저기 있는 건 시계야" "저건 의자" "이건 물을 마시는 컵이야"라고 물건의 이름을 아기에게 반복해서 알려줍니다.

그리고 물건의 이름을 알려줄 때 엄마는 반드시 그 물건을 손가락으로 가리키면서, 아기가 사물을 정확히 바라보고 있는지 확인하고 나서 말을 건네도록 합니다. 아기를 안고 산책을 할 때는 눈에 들어오는 사물을 엄마가 손가락으로 가리키면서 말을 건네면 스킨십도 되고 아기도 분명 좋아할 것입니다.

❓ 어떤 효과가 있을까요?

뇌 안의 신경 회로를 강화합니다

여기에서 말하는 것처럼 '물건들의 이름을 반복해서 소리 내어 알려주는' 육아법은, 뇌 과학을 유아 교육에 도입한 것으로 유명한 일본의 〈시치다 방식〉의 유아 교육에서도 주장하고 있는 내용입니다.

여기에서 가장 중요한 포인트는 같은 단어를 '반복'해서 알려준다는 점입니다. 아기가 아직 말을 정확히 알아듣지 못한다고 해도 아기가 반복해서 같은 단어를 듣게 되면 뇌 안의 신경 회로끼리 좀 더 강하게 결속되기 때문입니다. 따라서 날마다 반복해서 의식적으로 아기에게 말을 건네도록 합니다. 엄마가 말하는 모든 단어들이 아기의 뇌를 자극하고 있는 것이 분명하다는 믿음을 갖고 시도하세요.

84.5% 엄마들이 효과를 실감했습니다!

소리 나는 딸랑이나 공 같은 장난감을 이용해 놀아줍니다

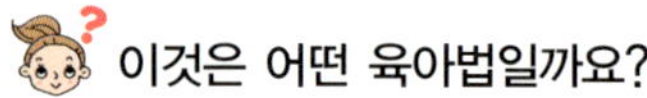

이것은 어떤 육아법일까요?

시각, 촉각, 청각 등 다양한 자극으로 뇌를 활성화시킵니다

생후 0~3개월 무렵이면 벌써, 아기의 뇌신경 세포가 발달해 가기 시작합니다. 손으로 만지고 눈으로 보고 귀로 들은 자극, 즉 스스로 체험한 모든 정보가 뇌에 전송되면서 아기가 의식하지 않아도 뇌에서는 어느새 다양한 판단을 내리게 되는 것입니다. 이러한 과정들이 거듭되면서 아기는 점차 주위 세계에 대한 다양한 지식을 뇌에 차곡차곡 쌓아갑니다.

따라서 이 시기에는 소리를 내는 장난감, 이를테면 딸랑이나 종, 작은북이나 소리가 나는 공 등을 이용해서 적극적으로 아기와 노는 것이 중요합니다.

또한 이 무렵에는 주위 소리와 사물에 반응해서 손으로 물건을 잡으려는 행동도 볼 수 있습니다. 그런 사소한 행동을 통해 뇌 안의 시각 영역과 운동 연합 영역 등 뇌의 다양한 장소에서 자극을 받아 아기의 뇌가 활발하게 움직입니다. 아기에게 '손'은 다른 세상을 알기 위한 정보 수집 도구인 것입니다.

"공놀이는 손끝의 예민함을 기르는 데 도움이 됩니다. 아울러 질서와 규칙을 감각적으로 익힐 수 있는 중요한 놀이이므로 공은 0~3개월 이후에도 적극적으로 가지고 놀게 하면 좋은 '아동용 장난감' 중 하나입니다."(어린이완구관 관장, 와쿠 요조)

아기가 어떤 물건에 흥미를 보이고 손을 뻗는 모습을 발견한다면 적극적으로 그 물건을 잡도록 도와줍니다. 이런 움직임을 통해 아기는 손동작의 기초를 학습해 갑니다.

＊ 시각 영역… 뇌 안의 '시각'에 대한 정보를 관장하는 영역　＊ 운동 연합 영역… 뇌 안의 '운동'에 대한 정보를 관장하는 영역

아기의 두 눈이 공이 굴러가는 쪽으로 좇아가도록 유도합니다.

반복해서 여러 가지 소리를 들려줍니다.

 ## 어떤 방법으로 할까요?

소리를 반복해서 들려주고, 공놀이를 할 때는 감촉을 느끼게 합니다

아기 주위에 뇌를 자극하기에 좋은 다양한 도구들을 준비해 두세요. 작은북, 딸랑이, 종 등의 소리가 나는 장난감을 이용해 반복해서 여러 가지 소리를 들려주는 것입니다. 만약 그 소리를 듣고 아기가 손을 뻗어서 소리 나는 장난감을 잡으려고 한다면 엄마는 그 장난감을 잡을 수 있도록 적극적으로 도와줍니다. 이때 한쪽 손만이 아니라 양손으로 장난감을 만지도록 유도하는 게 중요합니다. 아기가 두 손을 능숙하게 사용하게 되면 뇌에 균형 있는 자극을 골고루 주기 때문에 더욱 좋습니다.

그리고 공놀이를 할 때는 아기에게 다양한 '감촉'을 체험하게 합니다. 고무, 털실, 오자미, 스펀지 등 손에 닿는 감촉이 다른 물건을 준비해서 손바닥에 여러 가지 자극을 주도록 합니다. 그런데 아기는 어떤 물건이든 입으로 가져가기 때문에 잠시 눈을 뗀 사이 물건을 삼켜버릴 위험이 있으므로, 반드시 엄마가 아기 곁에서 지켜보도록 합니다. 공이라면 아기가 쉽게 삼키지 못할 만한 크기의 공을 준비하는 것이 중요합니다.

아기는 움직이는 물건에 특히 관심이 많아서 눈으로 계속 좇아가는 습성이 있습니다. 따라서 엄마가 손으로 공을 이리저리 움직이거나 아기에게 말을 걸면서 바닥에 공을 또르르 굴림으로써 아기의 관심을 자연스럽게 이끌어 내도록 합니다. 아기가 눈으로 공을 좇아가다 보면 저절로 머리도 따라 움직이게 되어 목을 가누도록 유도하는 효과도 있습니다.

아기가 흥미를 보이는 물건이 삼킬 수 없을 만한 크기의 공이나
장난감이라면 핥아도 상관없습니다.

> **소리가 나는 장난감 놀이와
> 공놀이를 잘하기 위한 포인트**
>
> - 시각, 촉각, 청각 등 다양한 자극을 줍니다.
> - 흥미를 갖고 만지려고 하면 적극적으로 만져보게 합니다.
> - 장난감을 만지게 할 때는 가능한 한 '양손'으로 만져보게 합니다.
> - 공은 고무나 털실, 스펀지 등 감촉이 다른 공을 각각 준비합니다.
> - 아기가 삼켜버리지 않도록 공이나 장난감의 크기에 신경을 씁니다.
> - 아기에게 말을 건네면서 아기가 공의 움직임을 눈으로 좇아가게 합니다.

아기들은 왜 물건을 핥으려고 할까요?

'핥아서' 물건의 존재를 인식하기 때문입니다

생후 2~3개월 전후 아기는 뭐든 손에 쥐면 무조건 입에 넣으려고 합니다. 그렇다면 왜 아기는 이런 행동을 할까요? 입술과 혀의 감각을 모두 활용해 그 물건의 존재를 확인하고 있는 것입니다.

아기는 아직 손가락 끝이 충분히 발달되어 있지 않습니다. 그래서 어떤 물건이든 입에 넣으려는 행동을 통해 물건의 상태와 감촉 등을 파악하는 것입니다. 그러고는 자신의 오감을 모두 활용해서 '이건 뭐지?' 하며 물건의 존재를 탐색하려고 합니다. 그러므로 위험한 물건이나 불결한 물건이 아니라면 아기가 몇 번이든 입에 넣거나 핥아도 크게 신경 쓰지 않아도 됩니다.

아기 전용 장난감 이외에 가능한 한 모든 것들을 경험하게 해주는 것도 좋습니다. 예를 들어 차가운 음식과 따뜻한 음식, 딱딱한 음식과 부드러운 음식 등 입 안에서 느껴지는 감촉이 다른 음식이나 물건 등 아기가 원하는 것은 갖고 놀게 하여 다양한 감촉을 체험하게 하는 것이 중요합니다. 하지만 유리구슬이나 공깃돌처럼 삼켜버릴 위험이 있는 자그마한 물건은 갖고 놀지 못하도록 엄마가 아기 곁에서 계속 지켜보도록 합니다.

소리가 나는 장난감으로 아기의 관심을 끌고 때때로 아기가 손과 입을 사용해서 장난감을 갖고 놀게 합니다. 되도록 오감으로 많은 정보를 흡수시켜 뇌를 자극하는 것이 2~3개월 아기에게는 굉장히 효과적이라고 합니다.

'소리 나는 장난감 놀이' 효과를 실감한 엄마들의 의견

설문 조사 결과 약 84.5%의 엄마들이 효과를 실감했습니다. 다양한 장난감에 흥미를 느끼고, 아기가 그것을 갖고 놀면서 집중력과 운동 능력이 향상되었다는 의견이 많았습니다.

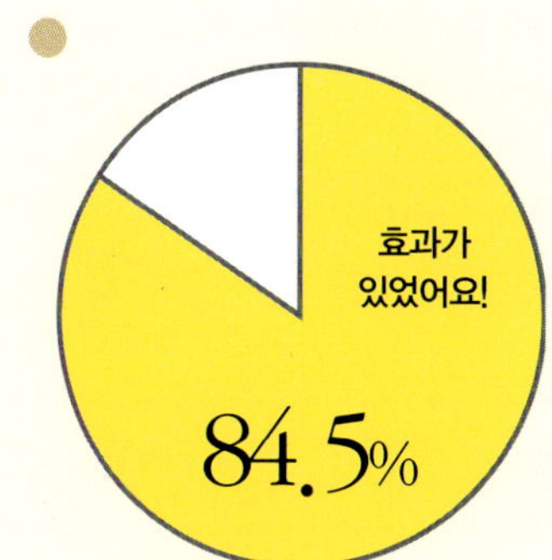

"쥐거나 던지거나 굴리기를 아주 잘해요." (37세, 가나가와)

"아기가 다양한 소리에 흥미를 갖게 된 것이 느껴져요." (38세, 지바)

"소리만으로도 주위 상황을 재빨리 파악하는 듯한 기분이 들어요." (38세, 가나가와)

"다양한 물건에 흥미를 갖고 아기가 이것저것 흔들어보거나 던져보면서 놀게 되었습니다." (38세, 가나가와)

"소리가 나는 물건을 보면 손을 흔들면서 반응합니다. 아이가 스스로 공을 던지고는 그것이 날아가는 모습을 눈으로 좇아가요." (35세, 사이타마)

"흔들면 소리가 나는 게 즐거운지 장난감을 가지고 혼자서 놀 줄도 알게 되었답니다." (35세, 가나가와)

"소리가 나는 장난감에 관심이 생기면서 신나게 몸을 움직이며 놀아요." (37세, 도쿄)

"처음에는 어설프더니 이제는 혼자서도 공을 굉장히 잘 던지게 되었어요!" (31세, 도쿄)

"혼자서 집중해서 놀게 되었어요." (29세, 도쿄)

89.4%
엄마들이 효과를
실감했습니다!

'없어, 없어, 짠!' 놀이로 워킹 메모리를 단련시킵니다

워킹 메모리 = 작업 기억 · 일시적 기억

아기는 엄마의 표정을 떠올리려고 합니다.

아기는 엄마의 표정을 다시 확인합니다.

이것은 어떤 육아법일까요?

'엄마의 얼굴을 기억한다'는 것은 워킹 메모리가 활동한다는 증거입니다

아기의 뇌를 자극하는 지능 계발과 지식 교육법 가운데 하나로 '워킹 메모리'를 단련시키는 방법이 있습니다. '워킹 메모리'는 쉽게 말해 '기억'이 아니라 뭔가를 하기 위해 '일시적'으로 기억해 두는 능력을 가리킵니다. 그 행동이 끝나면 금세 사라져버리는 기억입니다. 그런 성질 때문에 '워킹 메모리'를 '작업 기억' '일시적 기억'이라고도 합니다. 이 '워킹 메모리'는 뇌의 전두엽에 보관된다는 사실이 밝혀졌으며, 워킹 메모리를 단련시킬수록 뇌의 전두엽 영역이 자극을 받아 발달이 촉진된다고 합니다.

이러한 '워킹 메모리'를 이용해서 아이들의 두뇌를 계발하는 대표적인 놀이가 바로 '없어, 없어 짠!'입니다. 아기가 처음에는 단순히 엄마의 얼굴이 보여서 기뻐하게 되지만 이 놀이를 수시로, 여러 번 반복하다 보면 자신이 '기억하고 있는 엄마의 얼굴이 보여서' 그 사실에 기뻐하게 됩니다. 여기에서 말하는 '기억한다'는 것이 바로 '워킹 메모리'가 활동한다는 증거입니다.

"엄마의 얼굴을 기억하는 데 효과적이라고 생각해요. 그것도 아주 반갑게 웃으면서 기억합니다."(29세, 도쿄)

"표정이 풍부해지고 아기가 소리 내서 웃게 되었어요."(33세, 지바)

이처럼 그 효과를 실감한 엄마들의 의견이 많았습니다.

*전두엽 영역… 창조력, 통찰력, 판단력, 커뮤니케이션 능력을 관장하는 뇌의 영역

웃는 표정을 아기에게 보여 준 뒤 자신의 얼굴을 두 손으로 감쌉니다.

"짠!" 소리 내어 말하면서 엄마의 웃는 얼굴을 아기에게 보여줍니다.

어떤 방법으로 할까요?

이 놀이를 할 때는 반드시 아기가 엄마 얼굴을 보고 있는지 체크해야 합니다

생후 2~3개월이 되면 아기는 때때로 엄마에게 웃는 표정을 보여줍니다. 아기가 웃는 표정을 보여주는 시기가 되면 '없어, 없어, 짠!' 놀이를 시작해 봅니다.

엄마가 먼저 웃는 표정을 아기에게 보여줍니다. 그리고 "없어, 없어~"라고 소리를 내면서 두 손으로 자신의 얼굴을 가립니다. 손가락 사이로 아기가 엄마를 주목하고 있다는 것을 확인한 다음 "짠!" 하고 말하며 엄마는 웃는 표정을 다시 아기에게 보여줍니다. 그렇게 하면 아기가 매우 즐거워하며 까르르 웃습니다. 그때 엄마는 "우리 아기 웃었네…" 하고 말을 건네면서 아기의 얼굴과 몸을 어루만지는 등 스킨십을 합니다.

"처음에는 아기가 별다른 반응을 보이지 않는 경우가 많습니다. 하지만 두드러진 반응을 바로 보이지 않는다고 해도 아기는 확실히 느끼고 있습니다. 엄마와 아기의 스킨십 가운데 하나라고 생각하고 초조해하지 말고 느긋한 마음으로 '없어, 없어 짠!' 놀이를 해보세요."

(NPO법인 일본육아상담자협회, 마스타니 유키노)

"없어, 없어~" 하고 엄마가 손으로 얼굴을 가릴 때마다 아기가 별다른 흥미를 보이지 않는 경우에는 아직 효과적으로 놀 수 있는 시기가 아니라고 볼 수 있습니다. 그럴 때는 아기가 엄마의 얼굴에 주목할 수 있도록 말을 건네면서 스킨십을 합니다.

'없어, 없어, 짠!' 놀이를 잘하기 위한 포인트

- '워킹 메모리'를 단련시키기 위해 실행합니다.
- 아기가 방긋 웃거나, 웃는 표정을 짓게 되면 이 놀이를 시작합니다.
- 아무 반응이 없더라도 초조해하거나 불안해할 필요는 없습니다.
- "짠!" 할 때 아기가 웃는 표정을 지으면 아기의 얼굴과 몸을 다정하게 쓰다듬어줍니다.
- 아기가 집중을 계속하지 못하는 경우에는 이 놀이를 억지로 하지 않습니다.
- 아이가 이 놀이를 잘하게 되면 '거울 뉴런'을 자극해 주는, 한 단계 어려운 '없어, 없어, 짠!' 놀이에도 도전합니다.

"없어, 없어" 하면서 기다리는 시간을 짧거나 길게 하는 등 변화를 줍니다.

"짠!" 할 때의 표정에도 변화를 줍니다.

⟡ 이런 방법도 있어요!

거울 뉴런을 단련시키는 〈구보타 방식〉의 '없어, 없어, 짠!' 놀이

뇌 과학자인 구보타 기소우 교수와 부인 가요코 씨가 뇌 과학을 도입해 만든 〈구보타 방식〉이라는 육아법이 있습니다. 각종 매체에 천재를 키우는 법이라고 소개되었고, 일본에서 큰 주목을 받았습니다. 이 〈구보타 방식〉에서도 '없어, 없어, 짠!' 놀이를 추천하고 있습니다. 하지만 흔히 하는 '없어, 없어, 짠!' 놀이보다 좀 더 효과를 높일 수 있도록 고안되었습니다.

〈구보타 방식〉에서는 얼굴을 두 손으로 가리는 것이 아니라 수건 등으로 얼굴을 감추는 방법을 추천합니다. 엄마가 웃는 표정을 보이면서 "없어, 없어~" 하고 말한 뒤 수건이나 손수건으로 얼굴을 완전히 가립니다. 그리고 잠시 뒤에 "짠!" 하고 말하며 웃는 표정을 보여주는 부분은 똑같습니다. 다만 "없어, 없어~" 하는 시간이 조금씩 길어지면서 엄마의 얼굴이 "짠!" 하고 나올 때까지의 시간도 길어진다는 것이 핵심입니다. 이것은 아기가 '엄마의 얼굴을 이해' 하고 앞으로 일어날 일을 기대하면서 기다리게 하기 위한 훈련 방식입니다.

일반적인 '없어, 없어, 짠!' 놀이보다 좀 더 어려운 편인데, 〈구보타 방식〉의 육아법에서는 이 훈련을 계속함으로써 '다른 사람의 흉내'를 내거나 표정으로 '마음'을 읽도록 도와주는 뇌 안의 물질인 '거울 뉴런' 이 자극된다고 주장합니다.

'없어, 없어, 짠!' 놀이 효과를 실감한 엄마들의 의견

설문 조사 결과 약 89.4%의 엄마들이 효과를 실감했습니다. 커뮤니케이션 능력이 늘었다거나 감정 표현이 풍부해졌다는 의견이 많았습니다.

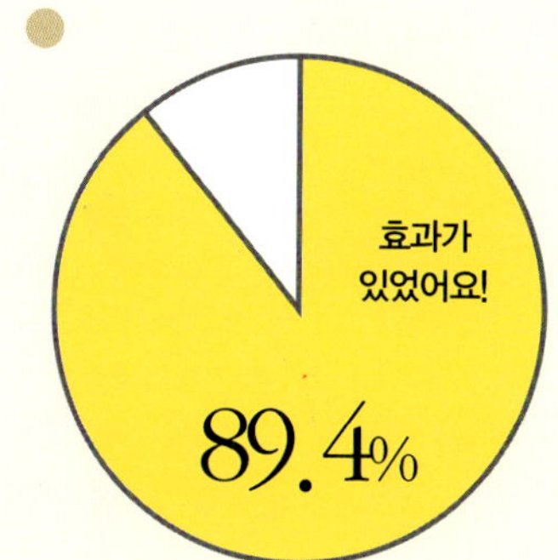

"제가 '없어, 없어, 짠!' 하고 장난을 치니까 아주 좋아했고, 자꾸자꾸 따라 하면서 즐거워했어요. 상대를 웃게 만들고 싶다는 감정이 아이의 마음속에 싹튼 건지도 모르겠어요."(38세, 가나가와)

"한 살이 되기 전부터 이 놀이를 했는데 얼굴을 기억하는 데 효과적이라고 생각해요."(29세, 도쿄)

"얼굴을 감추는 시간을 서서히 늘려갔더니 아기가 기다릴 수 있는 시간도 덩달아 길어졌답니다."(38세, 가나가와)

"처음에는 뭔지 잘 모르더니 자연스럽게 룰을 기억하고 이런저런 물건 뒤에 숨어서 '없어, 없어, 짠!' 하고 노는 걸 굉장히 좋아하게 되었습니다."(30세, 가나가와)

"월령마다 성장하는 모습이 한눈에 보여 교육할 때 효율적이었어요."(36세, 도쿄)

"아이가 크면서 스스로 이런저런 장소에 숨어서 '없어, 없어, 짠!' 하며 장난을 쳐서 저를 놀라게 해요. 동생이 태어나니까 큰아이가 '없어, 없어, 짠!' 하며 동생이랑 놀아준답니다."(32세, 도쿄)

"이 놀이로 아기의 주의를 끌 수 있어요. 다른 데 온통 관심이 쏠려 있어도 이 놀이만 하면 아기가 곧 제 쪽으로 관심을 돌린답니다."(36세, 가나가와)

"다른 사람들을 대할 때 웃는 얼굴을 많이 보이게 되었어요."(34세, 지바)

59.9% 엄마들이 효과를 실감했습니다!

어학 CD를 여러 번 반복해서 들려줍니다

이것은 어떤 육아법일까요?

'좌뇌'가 아니라 '우뇌'를 사용하는 어학 학습법

영어 교육에 대한 엄마들의 관심은 일일이 설명할 필요가 없을 정도입니다. 실제로 영어 학습 CD와 서양 음악을 아기에게 들려주었더니 영어를 할 줄 알게 되었다고 주장하는 교육 관계자도 많습니다. 이런 욕구에 맞춰 매우 다양한 종류의 CD나 비디오 영어 교재가 시중에 나와 있습니다.

그렇다면 아직 입도 뻥긋 못하는 아기에게 단지 영어를 들려주는 것뿐인데, 어떻게 아기가 저절로 영어를 할 수 있게 되는 걸까요? 그 효과의 비밀은 '우뇌'의 특징과 능력에 있다고 합니다. 일반적으로 좌뇌는 논리적인 사고와 계산, 분석이 특기입니다. 그래서 대부분의 학습법은 좌뇌를 중심으로 하는 학습 방식이라고 합니다. 하지만 어학은 좌뇌로 익히기에는 굉장히 복잡해서 습득하기가 무척 어렵습니다.

한편 우뇌는 무의식으로 많은 양의 정보를 받아들일(기억할) 수 있고, 빠른 속도로 정보를 처리할 수 있는 능력이 있습니다. 그래서 완전하게 단어를 기억하지 못하는 유아기에도 대량으로 언어를 들려주면 우뇌는 자동적으로 언어 사이의 관련성을 발견해 내고 모두 뇌에 기록한다고 합니다.

어른이 되면 좌뇌의 활동을 중심으로 사물을 생각하게 되지만, 유아기 때는 아직 그 정도로 좌뇌가 발달하지 않았고, 우뇌가 훨씬 더 많이 활동하는 시기라고 합니다. 따라서 유아기에는 좌뇌보다는 우뇌를 중심으로 하는 학습법이 효과적입니다.

영어 단어 CD나 영어 이야기 CD
등을 반복해서 들려줍니다.

어떤 방법으로 할까요?

필요한 단어를 대량으로 기억하게 하는 〈시치다 방식〉의 어학 학습법으로 합니다

유아기의 어학 학습법에는 여러 가지 방식이 있는 것으로 알려져 있습니다. 그 가운데 하나가 아주 인기 있는 〈시치다 방식〉의 어학 학습법입니다. 아기가 갓 태어났을 때부터 언어의 기본인 단어를 대량으로 기억하게 합니다. 그런 다음 쉬운 영어 이야기와 그림책 CD를 반복해서 들려주고 무조건 암기하게 하는 방법입니다.

이렇게 하면 아기의 두뇌가 자연스럽게 단어를 암기하고 문법 등 '언어의 일정한 법칙'도 우뇌에서 처리할 수 있게 된다고 합니다. 그리고 말을 하기 시작하는 시기가 되면 아기는 금세 그 말을 할 수 있게 되는데, 실제로 많은 성공 체험담이 공개되고 있다고 합니다. 물론 아기가 싫증 내지 않고 듣게 하는 것이 중요하므로 아기를 달래면서 CD를 함께 듣는 것이 좋습니다.

설문 조사 결과를 봐도 많은 엄마들이 그 효과를 실감했다는 사실을 알 수 있습니다.

"어느새 헬로, 생큐 등 자주 나오는 영어 단어를 아기가 소리 내어 말하게 되었어요."(31세, 도쿄)

"영어 발음 연습으로 효과가 있었어요."(36세, 가나가와)

"아는 단어가 나오면 신나게 반응해요."(31세, 도쿄)

대다수 아이의 어학 습득과 관련해서 어학 CD가 어느 정도 효과가 있었다는 의견이었습니다.

어학 CD를 들려주기 위한 중요 포인트

- 유아기의 어학 학습에는 '우뇌 학습'이 효과적입니다.
- 단어 CD나 이야기가 있는 CD를 반복해서 여러 번 들려줍니다.
- 아기가 듣기를 싫어하는 것 같으면 CD를 억지로 들려주지 않습니다.
- 영상 교재 등을 '마냥 틀어놓고' 보여주지 않습니다.
- 엄마도 아기와 함께 스킨십을 하면서 듣는 것이 중요합니다.

엄마도 아기와 함께 즐기면서 학습합니다.

어떤 점을 주의해야 할까요?

유아기의 어학 학습에는 엄마와 아기의 스킨십이 중요합니다

CD와 DVD 등을 이용한 지능 계발과 지식 교육법의 경우 소리를 들려주거나 영상을 보여주는 것이 중심이 되기 때문에 자칫 아이를 방치해 놓는 경우가 많습니다. 특히 DVD의 경우 소리는 물론 움직이는 영상에 아기가 집중하게 됩니다. 그래서 일시적으로 아기가 얌전하게 있으니까 '기회는 이때다' 싶어 집안일이나 다른 일을 마무리하려는 엄마들이 있습니다. 심정은 이해가 가지만 마냥 영상을 틀어놓고 보여주는 것은 추천하지 않습니다.

과연 아기가 싫증 내지 않고 제대로 귀담아 듣고 있는지, 어떤 음악과 영상에 흥미를 보이는지 등을 엄마가 곁에서 아기의 표정과 반응을 살피며 봐야 한다는 점을 잊지 않도록 합니다.

엄마가 함께 CD를 듣고 DVD를 보면 아기는 그것이 꼭 듣고 봐야 할 정보라고 생각해서 소리에 더욱 신경을 쓰게 됩니다. 아기를 안아주거나 무릎에 앉혀서 CD나 DVD를 틀어주면 아기는 그것을 엄마와의 스킨십의 하나로 받아들인다는 점도 염두에 두기 바랍니다.

그 시간이 즐거운 시간이라고 인식하게 되면 아기는 좀 더 의식적으로 소리를 들으려고 집중하기 때문에 효과도 한층 올라갈 것입니다. 아기가 마음에 들어 하는 장면이나 음악을 발견하게 되면 그 부분을 적극적으로 보여주거나 들려주면서 학습할 수 있는 환경을 만들어 주는 것이 필요합니다.

'어학 CD 반복해서 들려주기' 효과를 실감한 엄마들의 의견

설문 조사 결과 전체의 약 59.9%의 엄마들이 효과를 실감했습니다. 영어를 반복해서 들려줌으로써 단어를 기억하거나 발음을 잘할 수 있게 되었다는 의견이 많았습니다.

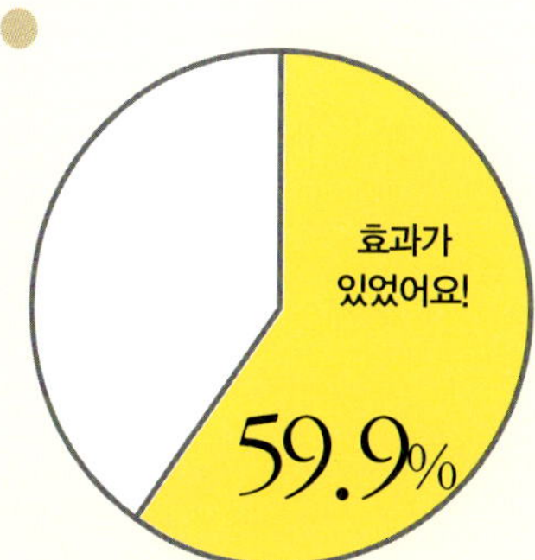

"한 살이 되기 전부터 꾸준히 들려주었더니 영어 노래를 외워서 부를 수 있게 되었고 아기의 기분도 좋아 보여요."(32세, 사이타마)

"영어로 물건의 이름을 말할 수 있게 되었답니다."(33세, 지바)

"영어를 흉내 내는 듯한 말을 자연스럽게 하게 되었어요. 참 신기해요."(38세, 가나가와)

"어느새 영어 노래를 흥얼거릴 수 있게 되었어요."(25세, 도쿄)

"영어 단어를 말할 수 있게 되었어요."(37세, 도쿄)

"차 안에서 늘 CD를 들려주고 있어요."(36세, 가나가와)

"자연스럽게 영어를 할 줄 알게 되었답니다."(29세, 가나가와)

"듣기가 음감과 언어의 자연스러운 습득으로 이어졌다고 생각해요."(30세, 도쿄)

"또렷한 발음을 익혔어요." (36세, 가나가와)

"영어로 들리는 소리를 중얼거릴 때가 있어요."(36세, 사이타마)

"영어와 음악에 흥미를 갖고 즐기는 것처럼 보여요."(35세, 도쿄)

"노래하는 걸 좋아하고 어학은 특히 발음을 잘 따라 하고 있어요."(34세, 지바)

"자연스럽게 귀에 들어온 단어와 음악을 기억해요."(36세, 사이타마)

"음악에 맞춰 몸을 흔드는 걸 좋아하게 되었고, 영어도 일본어와 마찬가지로 잘 기억하고 있는 것 같아요."(28세, 가나가와)

79.1%
엄마들이 효과를
실감했습니다!

말을 걸거나 스킨십을 하면서 기저귀를 갈아줍니다

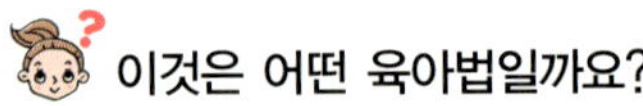

이것은 어떤 육아법일까요?

'기분 좋다'를 기억하게 해서 아기가 '하고 싶은 마음'이 들게 합니다

일반적으로 사람들은 무언가를 잘 해낸 뒤 상을 받게 되면 저절로 뇌가 반응해서 '기분 좋다'는 마음이 생겨납니다. 이런 뇌의 움직임은 아기들에게도 그대로 적용됩니다. 예를 들어 '기저귀를 갈아줄 때' 아기에게 기분 좋다는 느낌이 생기게 되면 기저귀를 한결 수월하게 갈아줄 수 있습니다. 그리고 기저귀 갈기는 아기의 뇌를 자극하는 것으로 이어집니다.

아기는 접촉하는 것을 기분 좋다고 느낍니다. 따라서 엄마가 아기에게 말을 걸거나 몸을 쓰다듬어주는 등 스킨십을 해주면 아기는 '기저귀 갈기=기분 좋은 것'이라고 이해하게 됩니다. 그런 행동을 되풀이하면 아기는 기저귀 갈기는 기분 좋은 것이라고 기대하면서 기다리게 됩니다. 그 결과 기저귀를 갈 때마다 아기는 '기분 좋다'고 느끼게 되고 뇌도 자극을 받습니다.

"기저귀를 갈 때는 아기의 눈을 똑바로 바라보고 웃는 표정으로 이런저런 말을 많이 걸도록 합니다. 말을 건넴으로써 아기의 커뮤니케이션 능력이 높아지고 사물에 대한 이해력도 향상됩니다. 또한 커뮤니케이션을 하는 것은 엄마와 아기의 신뢰 관계를 구축하는 밑거름이 됩니다. 말을 건넬 때는 '어휴 냄새~'처럼 부정적인 말이 아니라 '기저귀를 갈아주니까 기분 좋지' 하고 긍정적인 말을 하는 것이 중요합니다."(All About 「조기 교육, 유아 교육」 가이드, 우에노 미도리코)

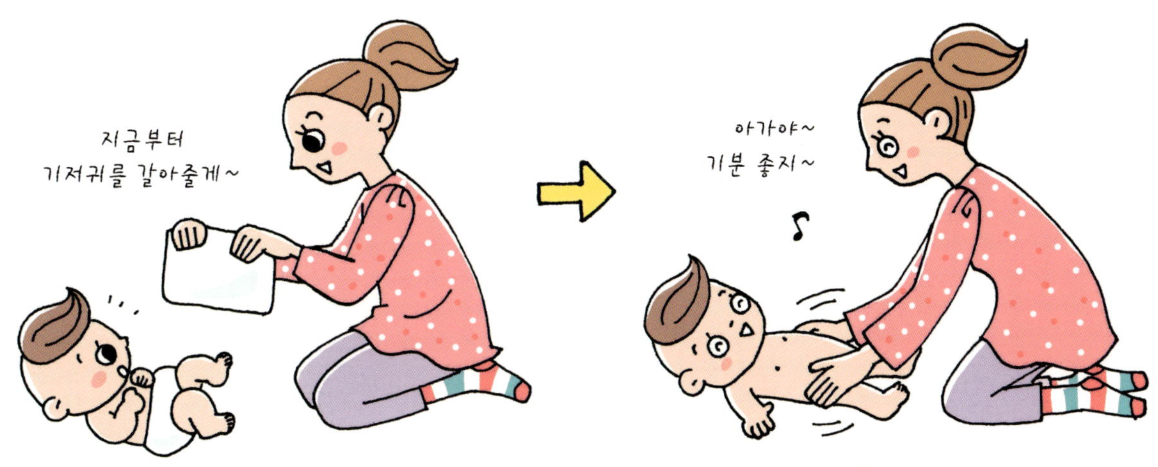

기저귀를 갈 때는 '앞으로 할 일'을 가르쳐주기 위해 아기에게 반드시 말을 건넵니다.

기저귀를 갈아준 뒤 몸을 깨끗하게 닦아주고 말을 건네면서 부드럽게 쓰다듬어줍니다.

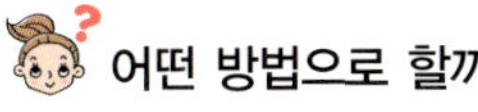 어떤 방법으로 할까요?

'말 걸기'와 '스킨십'으로 기저귀 가는 동작을 기억하게 합니다

스킨십을 하면서 기저귀를 가는 방법은 〈구보타 방식〉의 육아법에도 뇌의 발달을 촉진하는 효과가 있다고 소개되어 있습니다.

구체적인 방법을 살펴보면 먼저 기저귀를 갈 때 새 기저귀를 아기에게 보여주면서 "지금부터 기저귀를 갈아줄게" 하고 말을 건네며 앞으로 무엇을 할 것인지 알려줍니다. 기저귀를 다 갈면 반드시 "기분 좋지" "기저귀가 잘 채워졌어" 하고 소리 내서 아기를 칭찬해 줍니다. 그때 두 손바닥으로 아기의 배와 팔다리를 쓰다듬는 등 자극을 주며 스킨십을 하도록 신경 씁니다. 기저귀를 갈며 아기를 칭찬할 때는 늘 같은 말과 같은 스킨십을 반복해야 합니다.

기저귀를 갈면서 말 걸기와 스킨십을 반복하게 되면 아기는 저절로 '기저귀 갈기 = 기분 좋다'고 인식하게 되고, 결국 기저귀를 수월하게 갈 수 있게 됩니다.

설문 조사 결과만 보더라도 이 방법을 적용하고 있는 엄마들의 다양한 의견을 만날 수 있습니다.

"기저귀를 갈 때마다 몸을 뒤척이며 애를 먹이던 아기가 기저귀를 갈 때 말을 건네곤 했더니 기분 좋게 웃어줄 때가 많아요."(38세, 가나가와)

"기저귀 가는 일이 기분 좋은 일이라는 것을 아기가 몸으로 느끼게 된 것 같아요."(31세, 사이타마)

말 걸기와 스킨십이 확실히 효과가 있었다는 의견이 많았습니다.

기저귀를 갈아줄 때 아기가 다리를 버둥거리며 움직이는 경우에는 "안 돼" 하고 소리 내서 제지하고, 넓적다리를 가볍게 손으로 눌러 아기의 움직임을 멈추게 합니다.

'기저귀 갈기'를 잘하기 위한 포인트

- '기저귀 갈기 = 기분 좋아' 라고 느끼도록 기저귀를 갈아줄 때는 반드시 다정하게 말을 건네고 스킨십을 합니다.
- 뇌의 발달을 촉진하는 효과가 있다고 〈구보타 방식〉의 육아법에 소개되어 있습니다.
- 기저귀를 갈아주면서 '움직이지 마 = 하지 않는다' 는 'No Go' 반응을 가르쳐줍니다.

이런 방법도 있어요!

'No Go' 반응, 즉 기저귀를 갈면서 움직이지 말라고 아기에게 가르쳐줍니다

생후 3개월이 지날 무렵에는 아기의 움직임이 활발해져서 기저귀를 갈 때도 몸을 가만히 두지 못합니다. 이 시기에 기저귀를 갈아줄 때는 '움직이지 마 = 하지 않는다' 라는 'No Go' 반응을 가르쳐줍니다. 기저귀를 갈아줄 때 발을 버둥거리면 "안 돼" 하고 단호하게 말하고 아기의 넓적다리에 손을 대고 지그시 눌러 아기가 움직이지 못하게 합니다. 그러고 나서 바로 기저귀를 갈고, 다 간 뒤에는 "용케도 움직이지 않고 있었네. 대단해" 하고 아기의 하반신을 어루만지는 등 스킨십을 하면서 칭찬해 줍니다. 핵심은 아기가 버둥거릴 때 "안 돼(No)"라고 단호하게 말하는 것입니다. 표현은 "안 돼" "No" 두 가지 모두 괜찮습니다.

처음에는 아기의 넓적다리에 손을 대고 지그시 눌러 아기를 움직일 수 없게 하는 것이지만, 반복하는 사이에 아기는 움직이지 않으면 칭찬해 준다는 사실을 기억하고 "No" 신호만으로도 자발적으로 '움직이지 않게' 됩니다.

자발적으로 그만두는 'No Go 반응'은 전두엽 후방부의 움직임에 따라 이루어진다고 합니다. 아기의 기저귀를 잘 갈고 나서 엄마가 해주는 칭찬의 말과 스킨십은 아기에게 '쾌감'이라는 상을 주는 것과 같기 때문에 이런 과정이 거듭되면 점점 수월하게 기저귀를 갈 수 있습니다.

* 전두엽… 창조력, 통찰력, 판단력, 커뮤니케이션 능력을 관장하는 뇌의 영역

'말 걸기와 스킨십을 하면서 기저귀 갈기' 효과를 실감한 엄마들의 의견

설문 조사 결과 전체의 약 79.1%의 엄마들이 효과를 실감했습니다. 아기가 기저귀를 가는 것을 즐거워 하고, 엄마도 기저귀를 수월하게 갈 수 있게 되었다는 의견이 많았습니다.

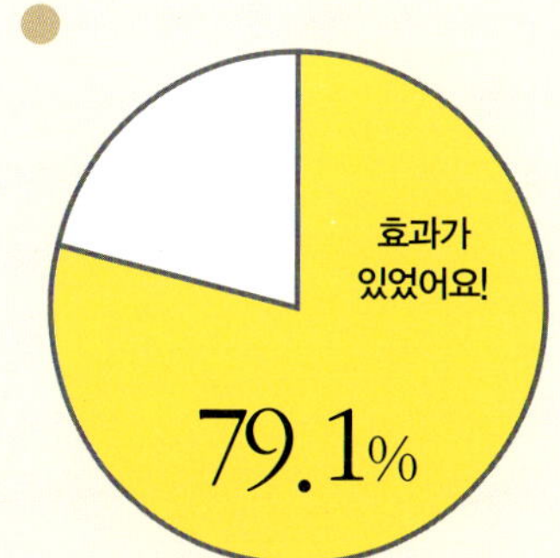

"엉덩이가 꿉꿉해지면 아기가 스스로 데굴데굴 굴러 와서 기저귀를 갈아달라고 해요."(34세, 사이타마)

"몸을 움직이거나 만져 주는 걸 좋아하게 되었습니다."(30세, 도쿄)

"기저귀를 가는 게 즐거운 일이라고 생각하게 된 거 같아요. 그래서 놀이 가운데 하나처럼 기저귀를 갈았어요."(33세, 도쿄)

"날마다 실천했더니 아기가 기저귀를 갈아달라고 하고 싶을 때에는 기저귀 교환 매트까지 스스로 기어가게 되었답니다." (37세, 도쿄)

"웃는 얼굴로 기저귀를 갈았더니 아기도 덩달아 웃곤 하네요."(36세, 가나가와)

"아기가 기저귀를 가는 걸 싫어하지 않게 되었어요."(38세, 도쿄)

"기저귀를 갈 때 말을 거니 아기가 웃는 경우가 많았어요."(38세, 가나가와)

"저 자신이 기저귀를 가는 건 귀찮은 일이 아니라 스킨십의 일종이라고 생각하게 되어 좋았어요."(34세, 지바)

"말을 건네면서 기저귀를 갈았더니 아기가 얌전하게 있어요." (33세, 사이타마)

"아기가 몸을 움직이게 되면서 기저귀 가는 걸 참 싫어했는데 스킨십을 하면서 하니까 기저귀를 편하게 갈 수 있게 됐어요." (32세, 도쿄)

"화장실 규칙을 배우는 계기가 되었답니다."(30세, 도쿄)

"말을 걸면 아기가 방실방실 웃어주거나 소리를 내며 자주 반응하게 되었답니다."(39세, 도쿄)

유아어를 쓰지 않고 바른말로 고쳐줍니다

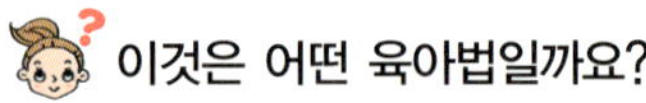 **이것은 어떤 육아법일까요?**

'유아어'는 안 됩니다!
아이가 '바른말'을 하도록 신경 써주세요

아기가 태어난 후 어른들은 자연스럽게 유아어를 시작합니다. 자동차를 '붕붕', 고양이를 '야옹이', 잠을 자는 것을 '코~' 등 어느 가정이든 아기에게 말을 건넬 때 이런 식으로 귀여운 '유아어'로 이야기하게 됩니다. 하지만 아기는 주변 어른들이 하는 말을 무의식 중에 귀로 듣고 자꾸자꾸 기억해 가는 습성이 있습니다. 따라서 유아어를 쓰지 않고 늘 바른말로 하는 것이 아기의 두뇌 발달에 좋다고 주장하는 육아법이 있습니다.

"유아어를 쓰지 않는 것이 굉장히 중요하다고 생각합니다. 유아어를 늘 쓰게 되면 아기는 훗날 다른 사람에게 써야 하는 바른말과 단어를 다시 한 번 기억해야 합니다. 이래서는 아기도 엄마도 모두 힘이 듭니다. 특히 함께 지내는 시간이 많은 엄마는 아기가 곁에 있을 때는 다른 사람과 하는 이야기에도 신경을 쓰는 편이 좋습니다."(NPO법인 일본육아상담자협회, 마스타니 유키노)

이 시기의 아기들은 매우 빠른 속도로 말을 흡수해 가기 시작합니다. 그런 시기인 만큼 부모가 최대한 '바른말'을 하도록 신경 써서 생활하면 아기가 말을 하기 시작한 뒤에 일상적인 단어들을 정확하게, 그리고 빨리 기억하는 효과가 있습니다.

 **어떤 방법으로 할까요?**

대화를 하면서 대응합니다
'바른말'로 이야기를 건넵니다

유아어의 문제점을 모른 채 자라서 아기가 이미 유아어를 기억하고 말하기 시작한 경우도 많으리라고 생각합니다. 그렇다고 해도 포기할 필요는 없습니다. 하루라도 빨리 바른말(일반적인 말이나 단어)로 고쳐주는 훈련을 시작하는 것이 중요합니다.

만약 아기가 "맘마(밥)~", "야옹이(고양이)", "붕붕(자동차)"이라고 유아어로 말할 때는 아기를 보면서 바른말로 고쳐주는 것입니다. "그래? 밥 먹고 싶니?" "저런! 고양이가 보고 싶어?" "자동차가 가고 있지?" 하는 식으로 아기와 대화를 나누면서 엄마가 바른말로 바꿔서 이야기를 건네도록 합니다. 그때 밥이라면 식탁에 있는 음식을 손가락으로 가리키면서 이야기하는 등 아기에게 직접 보여주면 더욱 효과적입니다.

반면 주의해야 할 점은 절대로 "저건 맘마가 아니잖니! 밥!" 하고 부정적인 단어를 써서 아기의 말을 고쳐주어서는 안 된다는 것입니다. 어디까지나 공감하는 자세로 아기에게 말을 건네도록 합니다.

또 유아어뿐만 아니라 부부 사이에서 쓰는 말투를 아기가 기억한 경우에도 그때마다 '바른말로 고쳐주기'를 실천해서 아기가 바른말을 기억하도록 신경 씁니다.

아기가 엄마 입술의 움직임을 손으로 만져보게 하면서 확인시켜줍니다.

어떤 효과가 있을까요?

입술을 만져보게 해서 시각과 촉각도 자극합니다

엄마가 아기와 일상적인 대화를 하면서 '바른말로 고쳐주기'를 시도할 때에는 그 방식을 여러 가지로 연구하면 좀 더 효과적으로 아기가 바른말을 기억할 수 있습니다. 예를 들어 "자, 동, 차" "고, 양, 이" "밥" 하고 단어를 강조해서 소리 내어 말하면서 아기의 손을 잡고 엄마의 입술에 갖다 대도록 하는 방법입니다. 입술의 움직임을 아기가 직접 만지게 함으로써 청각뿐만 아니라 시각과 촉각으로도 체험하게 합니다. 여러 가지 자극을 이용, 반복해서 가르쳐주면 아기도 자연스럽게 이해하게 됩니다.

"아기는 주위의 어른들이 하는 말을 듣고 단어를 기억합니다. 따라서 평소 어른들끼리 대화를 할 때도 의식적으로 바른말을 쓰도록 노력하는 것이 중요합니다. 특히 '크다' '작다' '길다' '짧다' '무겁다' '가볍다' '얇다' '두껍다' 같은 비교 표현의 말은 평소에 바르게 구분해서 쓰도록 합니다."(NPO법인 일본육아상담자협회, 마스타니 유키노)

여기에서 이야기하는 비교 표현이란 매우 의미 있는 말입니다. 그 의미를 이해할 수 있으면 대화도 할 수 있게 됩니다. 대화를 할 수 있으면 자신의 의지를 전달할 수 있습니다. 이런 과정을 거쳐 아기는 점점 성장하게 됩니다.

'유아어를 바른말로 고쳐주기' 효과를 실감한 엄마들의 의견

설문 조사 결과 전체의 약 54.4%의 엄마들이 효과를 실감했습니다. 많은 엄마들이 '바른말로 고쳐주기'를 육아법의 하나로 받아들이고 있는 듯합니다.

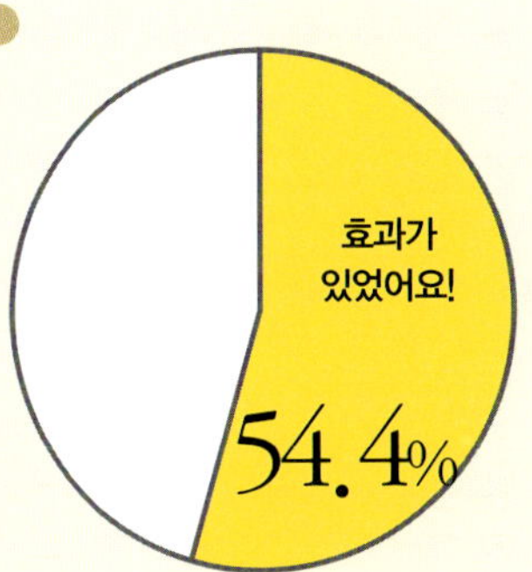

"'아이우에오' 같은 발음을 아기 스스로 또렷이 소리 내서 기억하게 했어요."(25세, 도쿄)

"'자, 동, 차' '책, 상'이라고 한 음절씩 또박또박 발음해서 들려주고 있답니다."(31세, 가나가와)

"유아어로 말했더니 그대로 싹 외워버려서 고쳐주는 데 굉장히 애를 먹었던 기억이 있어요."(40세, 사이타마)

"가끔 유아어를 사용하기도 하지만, '붕붕이야~ 자동차야~' 하는 식으로 이야기를 하면서 바른 단어를 가르쳐주고 있어요."(39세, 도쿄)

"유아어로 말하지 않도록 노력했더니 아이가 자연스럽게 바른말로 이야기하게 되었어요."(37세, 지바)

"우리 부부는 유아어를 쓰지 않으려고 노력하는데, 친척이 놀러 와서 유아어를 써서 조금 곤란했던 경험이 있어요."(33세, 가나가와)

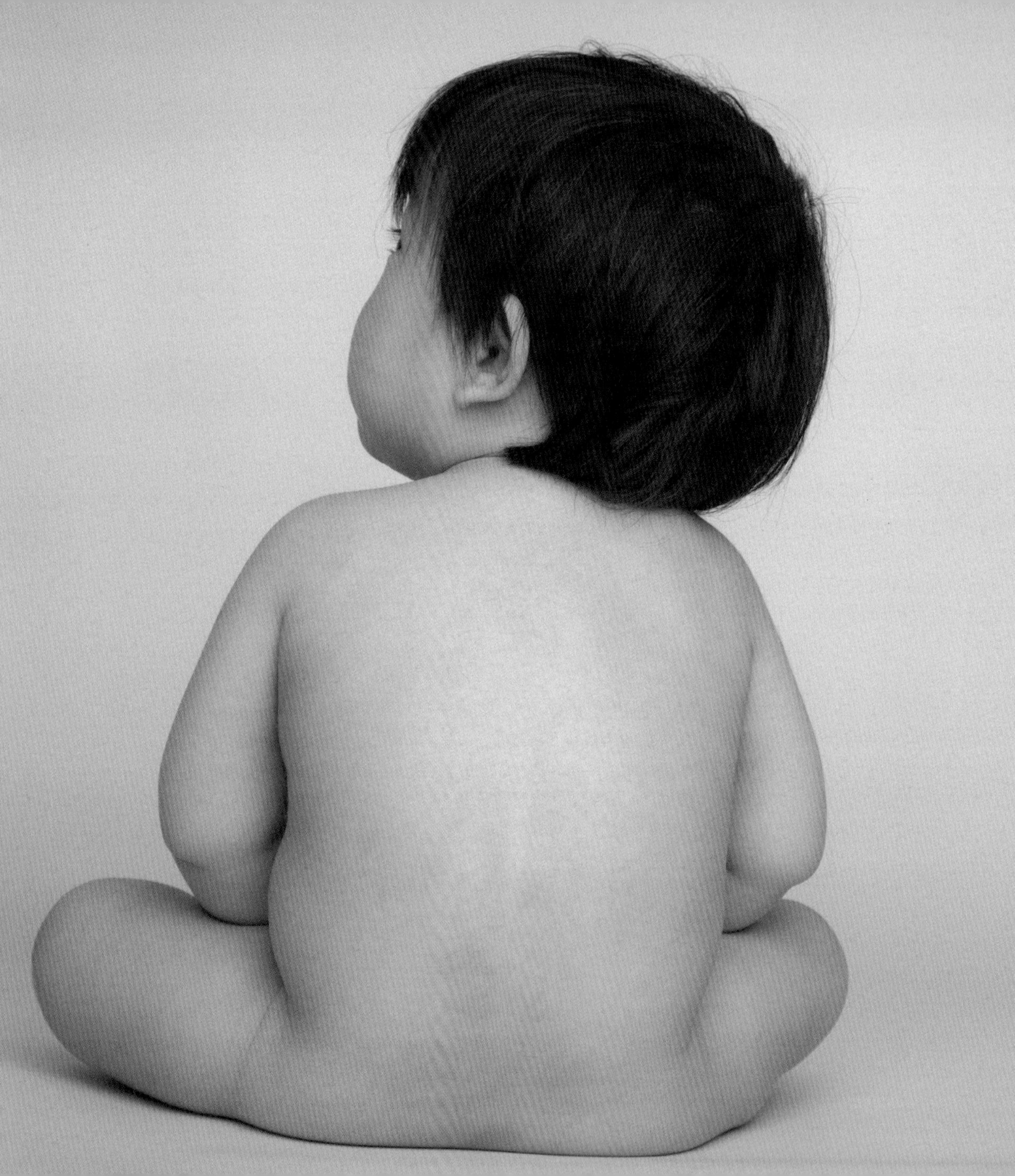

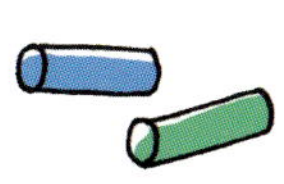

생후 3~8개월 엄마와 아기가 함께 놀면서 여러 가지 단어를 익혀야 할 시기

3개월이 지나서 아기가 목을 가누게 되면 점차 "우~ 우~" "아~ 아~" 하고 옹알이를 하기 시작하며 아기의 감정이 풍부해집니다. 그리고 5개월에서 6개월 무렵에는 아기가 혼자서 앉을 수 있게 되고 두 손을 모두 쓰는 여러 가지 놀이에 도전할 수 있습니다. 엄마와 아기가 함께 놀면서 아기가 단어를 조금씩 기억하게 합니다.

지지율 **55.2%** "아~" 또는 "엄~"을 의미 있는 말로 바꾸는 '대화 놀이'를 합니다 … 46

지지율 **75.3%** '빨대로 마시기'를 기억하게 합니다 … 48

지지율 **67.5%** "어느 쪽에 있게?" 하고 물으면서 워킹 메모리를 단련시킵니다 … 50

지지율 **75.6%** "이게 뭘까?" 하고 물어서 단어를 기억하게 합니다 … 54

지지율 **60.7%** 말뚝 꽂기 블록, 고리 끼우기 블록, 나사 돌리기 블록을 갖고 놀게 합니다 … 58

55.2%
엄마들이 효과를
실감했습니다!

"아~" 또는 "엄~"을 의미 있는 말로 바꾸는 '대화 놀이'를 합니다

아기가 옹알이를 하게 되면 엄마는 아기의 얼굴을 바라보면서 "아~" "엄~" 하고 아기의 옹알이를 흉내 냅니다.

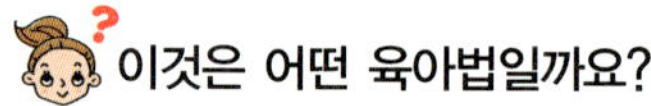 **이것은 어떤 육아법일까요?**

옹알이를 하면 엄마가 아기를 따라 하며 놀아줍니다

생후 4~5개월이 지날 무렵부터 아기는 "아~" 또는 "엄~" 하는 소리를 내기 시작합니다. 이것은 옹알이라고 하여 젖먹이 아기가 의식해서 의미 있는 말을 하기 전 단계에서 내는 소리입니다. 아기는 옹알이의 발음을 반복함으로써 시간이 흐른 뒤 좀 더 정확한 발음을 할 수 있게 되고, 성대의 사용법과 발음할 때의 횡격막 이용법 등을 배우게 됩니다.

아기가 옹알이를 시작하면 엄마는 먼저 아기의 얼굴을 보면서 그 옹알이의 발음을 흉내 내봅니다. 예를 들어 아기가 "아~" 하고 말하면 엄마도 "아~" 하고 반복합니다. 이 단계에서는 굳이 "왜 그러니?" 하고 묻거나 뭔가 의미 있는 말로 바르게 알려줄 필요는 없습니다. 단지 그저 앵무새처럼 엄마가 아기를 따라 하기만 하면 됩니다.

엄마가 자신을 따라 하면 아기도 기뻐서 적극적으로 옹알이를 하게 됩니다. 그리고 자꾸만 옹알이를 하는 사이에 아기는 자연스럽게 정확한 발음을 할 수 있게 됩니다.

또한 엄마와 아기의 이러한 '대화 놀이'는 단순한 발성 연습이 아니라 다른 사람을 흉내 낼 때 활동하는 뇌 속의 물질인 '거울 뉴런'을 단련시켜 줍니다. 이것은 아기의 두뇌 발달을 촉진하는 데 매우 효과적입니다.

＊거울 뉴런… 다른 사람의 흉내를 내거나 표정으로 마음을 읽도록 돕는 뇌 속의 물질

'대화 놀이'를 잘하기 위한 포인트

- 아기의 옹알이는 또렷한 발음을 하기 위한 연습 단계에서 나옵니다.
- 처음에는 엄마도 같은 단어를 반복적으로 말해서 아기가 따라 하도록 합니다.
- 익숙해지면 "엄 = '엄마' 말이지~" 하고 의미 있는 단어와 연관 지어서 아기에게 말을 건넵니다.

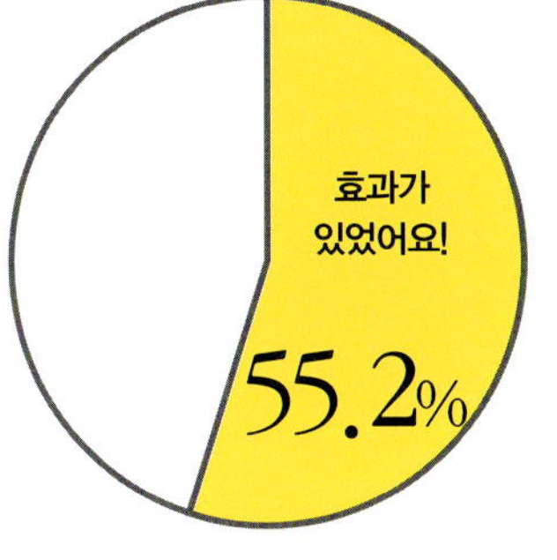

'대화 놀이' 효과를 실감한 엄마들의 의견

- "말하기 시작한 시기가 상당히 빨랐다고 생각해요." (30세, 도쿄)
- "아이가 자라면서 잘 웃고 기분 좋게 이야기를 하게 되었어요."(27세, 지바)
- "자꾸 말을 거니까 아기가 단어를 잘 기억해요."(24세, 가나가와)

어떤 방법으로 할까요?

의미 있는 말로 연관 지어 줍니다

엄마와 함께 놀면서 아기가 옹알이의 발음을 반복할 수 있게 되면, 그다음에는 옹알이를 의미 있는 단어로 바꿔가는 '대화 놀이'를 합니다. 아기는 무언가 '감정 표현'의 하나로 옹알이를 하게 됩니다. 그래서 예를 들어 "엄~" 하고 아기가 말하면 "엄마 말이지~" 하고 이야기해서 옹알이를 의미 있는 말로 연관을 지어갑니다. 아기는 배가 고파서 우유를 먹고 싶어 할 때도 있고, 기저귀가 축축해서 기분이 안 좋다고 호소할 때도 있습니다. 그런 경우 엄마는 "우유가 먹고 싶어서 그러니~" "기저귀를 갈아줄까~" 하고 의미 있는 단어를 넣어서 아기한테 말을 건네도록 합니다.

어떤 효과가 있을까요?

아기가 말을 잘하도록 도와주는 효과가 있습니다

설문 조사 결과 '대화 놀이'가 아기의 언어 발달에 효과가 있다고 실감한 엄마들이 많았습니다.

"아기의 옹알이를 흘려들었을 때와 달리 '대화 놀이'를 시작하면서부터는 아기가 전보다 다양한 소리를 많이 내기 시작했다는 것을 확실히 느낄 수 있어요."(33세, 사이타마)

"옹알거리기 시작할 때부터 실시한 대화 놀이 덕분에 언어 능력이 일찌감치 발달되었다고 생각해요."(38세, 지바)

아기가 말을 하기 시작한 시기가 다른 아기들에 비해 빨랐다는 의견이 많았습니다.

'빨대로 마시기'를 기억하게 합니다

75.3%
엄마들이 효과를
실감했습니다!

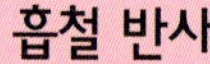

흡철 반사

입에 들어가는 것은 뭐든 무의식적으로
빨아들이려는 인간의 원시적 반응

 **이것은 어떤 육아법일까요?**

정식으로 식사를 시작할 때 도움이 되는 빨대로 마시는 연습을 시작합니다

아기는 태어나면서부터 자신의 의지와 상관없이 자극에 대해 반사적으로 행동하는 원시 반사를 몇 가지 갖고 있습니다. 예를 들어 아기의 손바닥에 손가락을 대면 꽉 붙잡는 '파악 반사' 등이 잘 알려져 있습니다. 입에 들어오는 것을 반사적으로 빠는 '흡철 반사'도 원시 반사 가운데 하나입니다. 태어난 지 얼마 안 된 아기의 입에 엄마의 젖을 물리기만 해도 금세 아기가 젖을 빨기 시작하는 것은 흡철 반사 때문입니다. 하지만 생후 1~2개월이 지나면 점차 이 흡철 반사가 약해집니다.

흡철 반사가 약해지는 타이밍을 잘 살펴서 빨대 마시기 연습을 시작하는 지능 계발과 지식 교육법이 있습니다. 빨대로 빠는 행동은 아기 자신의 의지로 하기 어려운 운동입니다. 아기는 '어느 정도의 양을 마시는가'를 스스로 결정하고 또 '어느 정도의 힘으로 빠는가'를 생각해야 합니다. 입안에 들어오는 수분의 양을 스스로 조절하면서 빨아야 하는 것이죠.

그렇기 때문에 빨대로 마시기는 아기들의 뇌를 자극하는 효과가 있다고 합니다. 하지만 처음에는 적당한 정도를 알지 못해 지나치게 세게 빨거나 다 마실 수 없을 만큼의 양을 입안에 넣을 위험이 있습니다. 그러므로 엄마가 곁에서 지켜보면서 아기에게 빨대로 마시는 연습을 시키는 것이 중요합니다.

투명한 빨대를 사용합니다. 아기는 액체가 자기 입으로 들어가는 모습이 눈에 보여서 이해하기 더욱 쉽습니다.

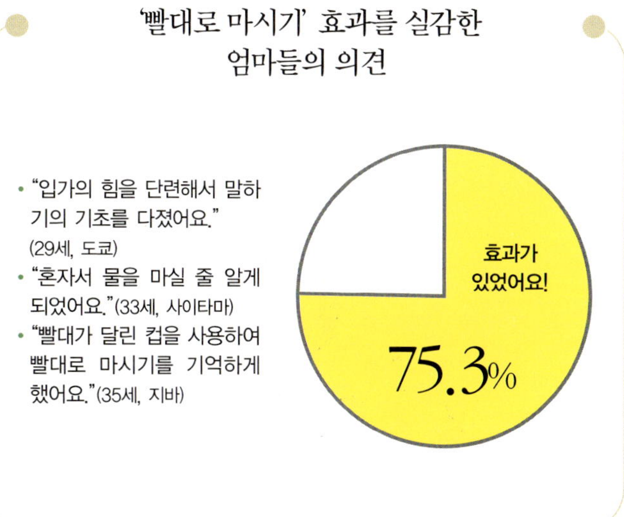

'빨대로 마시기'를 잘하기 위한 포인트

- 아기의 '흡철 반사'가 약해졌다면 빨대로 마시는 연습을 시작합니다.
- 아기에게는 빨아들이는 수분의 양과 힘의 조절이 필요한 복잡한 운동입니다.
- 투명한 빨대를 사용해서 빨아들이는 수분의 양과 속도를 확인합니다.
- 컵이나 페트병에 든 음료수를 빨대로 마시는 법을 알려주면 아기는 말하기의 기초를 익히게 됩니다.

어떤 방법으로 할까요?

빨아들이는 수분의 양과 속도를 확인합니다

아기에게 말을 건네면서 빨대를 물려주어 빨대에 익숙해지도록 합니다. 익숙해지면 컵에 빨대를 꽂아 빨아들이는 연습을 하게 합니다. 엄마는 아기가 수분을 빨아들이는 양과 속도를 잘 확인해서 너무 많이 마시거나 토하지 않도록 신경을 씁니다. 투명한 빨대를 사용하면 액체가 입안에 들어오는 모습이 보이기 때문에 편리합니다.

"빨대로 마시기를 할 줄 알게 되면 빨대가 달린 컵, 페트병 등을 이용해서 여러 가지 '마시는 법'을 경험하게 합니다. 입과 입술의 복잡한 사용법을 배움으로써 훗날 아기가 말을 잘하는 데 도움이 됩니다."(NPO법인 일본육아상담자협회, 마스타니 유키노)

어떤 효과가 있을까요?

육아가 즐거워지는 효과가 있습니다

빨대로 마시기를 잘 배워두면 여러 가지 발달 과정에 도움을 받게 됩니다. 지능 계발은 물론, 식사를 하거나 말을 하는 등의 일상적인 동작에도 좋은 영향을 미치게 됩니다.

"아기가 빨대로 마시는 일을 좋아하게 되면서 가족들이 식사하기가 한결 편해졌어요."(36세, 지바)

"이젠 뭐든 스스로 마시려고 하고, 또 마시는 일을 즐거워하게 되었어요."(30세, 사이타마)

설문 조사 결과를 보면 식사가 편해졌다고 하는 의견 외에도 지능 계발과 지식 교육 효과가 있었다는 의견들도 많았습니다.

67.5%
엄마들이 효과를
실감했습니다!

"어느 쪽에 있게?" 물으면서 워킹 메모리를 단련시킵니다

워킹 메모리(작업 기억 · 일시적 기억)를 더욱 단련시킵니다

 **이것은 어떤 육아법일까요?**

'기억하고 있는 것'으로 워킹 메모리를 단련시킵니다

어떤 작업을 할 때 일시적 기억인 '워킹 메모리'를 단련시킬수록 뇌가 자극된다고 합니다. 앞에서 소개했던 '없어, 없어 짠' 놀이는 워킹 메모리를 단련시키는 대표적인 놀이입니다. 아기가 이 놀이를 잘하게 되면 좀 더 어려운 놀이에 도전해 보도록 하는데, 그것이 바로 "어느 쪽에 있게?" 놀이입니다.

엄마는 두 손을 펼치고 한쪽 손바닥에 주먹을 쥐었을 때 감춰질 만한 크기의 물건을 올려 놓습니다. 그 물건을 아기에게 보여준 뒤 두 손을 오므리고 "어느 쪽에 있게?" 하고 묻습니다. 이것은 물건이 어느 쪽 손 안에 있는지 아이가 맞히게 하는 놀이로서 〈구보타 방식〉의 육아법에도 소개되어 있습니다. 뿐만 아니라 워킹 메모리를 단련시키는 여러 가지 방법 중에서도 꽤 어려운 놀이로 소개되어 있습니다. 그 이유는 엄마 손에 있던 물건이 일단 아기의 눈에 전혀 보이지 않게 되기 때문입니다.

아기는 엄마가 어느 쪽 손에 물건을 쥐고 있었는가를 '기억'할 필요가 있습니다. 따라서 엄마 얼굴의 일부가 아기의 눈에 보이는 '없어, 없어 짠!' 놀이보다 어려운 놀이이고, 그런 만큼 '어느 쪽에 있게?' 놀이는 아기의 두뇌를 좀 더 자극한다고 합니다.

아기가 이 놀이를 순조롭게 따라 하지 못한다고 해도 실망할 필요는 없습니다. 처음부터 잘하지 못하는 것이 당연하다는 마음으로 엄마와 아기가 놀이처럼 즐기면서 해보는 것이 좋습니다.

* 워킹 메모리… 뭔가를 하기 위해 '일시적'으로 기억해 두는 능력. '작업 기억' '일시적 기억' 이라고도 합니다.

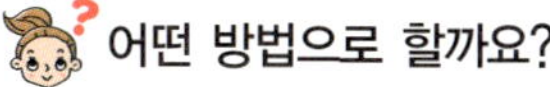 어떤 방법으로 할까요?

"어느 쪽에 있게?" 하고 물어보고 아기가 맞히게 합니다

엄마는 먼저 두 손을 펼친 상태에서 손바닥이 위를 향하도록 해서 아기에게 보여줍니다. 이때 한쪽 손에는 사탕이나 유리구슬, 공깃돌 등 손바닥 안에 쏙 들어가는 자그마한 물건을 올려 놓습니다. 아기가 확실히 보고 있다는 것을 확인하면 손을 오므려서 주먹 상태로 만듭니다. 그리고 "어느 쪽에 있게?" 하고 물어보고 아기가 맞히게 합니다. 주먹을 쥔 다음 감추고 있는 시간을 조금씩 늘려가는 방법도 효과적입니다. 20~30초 동안 감추고 있어도 아기가 맞힐 수 있을 때까지 놀이를 반복합니다.

아기가 어느 쪽 손 안에 물건이 있는지 맞힐 수 있게 되면 다음에는 두 손을 펴서 한쪽 손에 놓여 있는 물건을 보여주는 시간을 점점 줄여갑니다. 짧은 시간에 기억하게 함으로써 아기의 워킹 메모리를 더욱 단련시킬 수 있습니다.

"물건을 감추는 손동작을 보고 아기가 사물을 판단하는 힘을 익혔어요."(33세, 도쿄)

"집중력이 붙었다고 생각해요."(30세, 사이타마)

'어느 쪽에 있게?' 놀이는 엄마들에게 실시한 설문 조사에서도 효과를 실감했다는 의견이 많았습니다. 물론 이것은 조금 어려운 놀이이기 때문에 아기가 금세 반응을 보이지 않는 경우도 있습니다. 그럴 때는 초조해하지 말고 느긋하게 마음을 먹고 자꾸 반복해서 해봅니다.

'어느 쪽에 있게?' 놀이를 잘하기 위한 포인트

- '없어, 없어 짼!' 놀이를 할 줄 알게 되면 '어느 쪽에 있게?' 놀이도 해봅니다.
- 유리구슬과 공깃돌, 알사탕같이 손바닥을 오므려서 주먹이 쥐어질 정도의 자그마한 물건을 사용합니다.
- '어느 쪽에 있게?' 놀이로 아기의 워킹 메모리를 더욱 단련시킵니다.
- 아기의 집중력과 관심도에 맞춰 손바닥에 올려 놓은 물건을 보여주는 시간과 주먹을 쥐어 물건을 감추는 시간을 다르게 해서 놉니다.
- 상당히 어려운 놀이이므로 아기가 잘하지 못하더라도 초조해하지 말고 여러 번 반복합니다.

손바닥 위에 올려 놓은 물건을 먼저 한 번 보여준 다음, 몸 뒤쪽으로 두 손을 돌려서 완전히 보이지 않게 합니다.

 **이런 방법도 있어요!**

몸 뒤쪽으로 손을 감추는 것은 고난도의 워킹 메모리 훈련입니다

지금까지 살펴본 '어느 쪽에 있게?' 놀이를 아기가 할 줄 알게 되면 이제 다른 놀이에도 도전해 봅니다. 이번에는 손바닥을 보여주고 어느 쪽 손에 물건을 올려 놓았는지 아기가 확인하게 한 뒤 두 손을 엄마의 몸 뒤쪽으로 감춰봅니다. 그리고 "자~ 어느 쪽에 있게~?" 하고 아기에게 물어보고 나서 움켜쥐고 있는 두 손을 아기 눈앞에 내밀고 맞히게 합니다. 이 놀이는 엄마가 어느 쪽 손 안에 물건을 쥐고 있는지 기억하는 게 훨씬 어렵기 때문에 아기의 워킹 메모리를 더욱 단련시킬 수 있다고 합니다.

아기의 발육 상태에 맞춰 손바닥 위의 물건을 보여주는 시간과 손을 뒤로 감추는 시간을 다르게 하는 등 아기의 흥미를 끌 수 있는 노력을 기울인다면 아기와 더욱 즐겁게 놀 수 있습니다. 이 지능 계발과 지식 교육법을 받아들인 엄마들이 많았고 또 다양한 효과를 실감한 듯합니다.

"아기의 상상력이 늘었어요. 생후 2~3개월 무렵부터 줄곧 '어느 쪽에 있게' 놀이를 했어요. 손바닥에 감추지 않고 컵을 이용하거나 상자에 넣는 등 아기가 싫증 내지 않도록 다양하게 응용해서 놀았답니다."(30세, 지바)

"사고력이 향상되었다고 생각해요."(25세, 지바)

"예상하고 생각하는 힘이 생겼어요."(33세, 지바)

'어느 쪽에 있게?' 놀이 효과를 실감한 엄마들의 의견

설문 조사 결과 전체의 약 67.5%의 엄마들이 효과를 실감했습니다. 관찰력과 사고력 등 아기에게 '생각하는 힘'이 생겼다는 의견이 많았습니다.

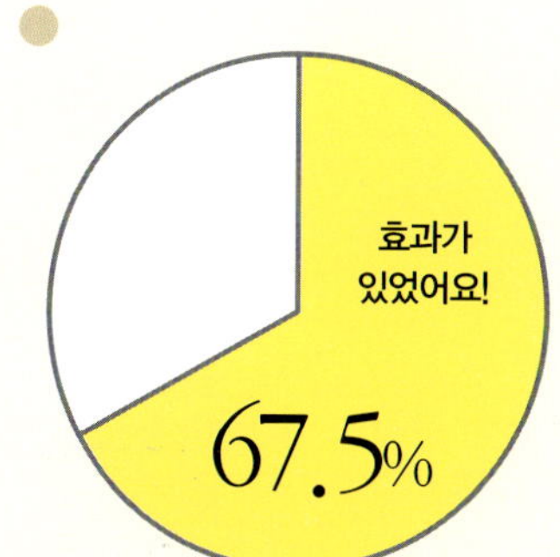

"상상력이 풍부해졌어요. 생후 2~3개월부터 줄곧 이 놀이를 했어요. 물건을 손바닥, 컵, 상자에 넣는 등 다양한 응용이 가능한 놀이예요."(30세, 지바)

"제가 하는 행동을 아기가 꼼꼼히 관찰하고 생각하게 되었어요. 아기도 스스로 놀이를 하게 되었답니다."(32세, 가나가와)

"스스로 생각하고 답하거나 감추기도 하면서 아기가 자연스럽게 상상할 수 있게 되었어요."(34세, 지바)

"사고력이 향상되었다고 생각해요."(25세, 지바)

"아직 말을 하지 못할 무렵에도 아기가 손가락으로 가리켜서 커뮤니케이션을 할 수 있게 되었습니다."(36세, 도쿄)

"예상하고 생각하는 힘이 생겼어요."(33세, 지바)

"관찰력이 좋아졌다고 생각해요."(37세, 가나가와)

"외출해서도 손쉽게 놀 수 있고 아기가 칭얼거릴 때 특히 효과가 있었어요."(35세, 사이타마)

75.6%
엄마들이 효과를
실감했습니다!

"이게 뭘까?" 하고 물어서 단어를 기억하게 합니다

이것은 어떤 육아법일까요?

말은 못 하더라도 들어본 단어를 기억하는 계기가 됩니다

한 살 전후부터 아기는 "아~" "우~" 등 옹알이를 하기 시작합니다. 하지만 옹알이를 하기 전에도 말을 전혀 이해하지 못하는 것은 아닙니다. 아기는 태어나자마자 주위 사람들이 내뱉는 말을 무의식중에 뇌 속에 입력하고 있습니다.

따라서 아직 말을 못하는 시기라도 적극적으로 아기가 단어를 기억하게 하는 것이 중요합니다. 주변에 있는 물건을 이용하거나 그림책을 읽어주면서 "이게 뭘까?" 하고 말을 건네고 여러 가지 단어를 소리 내서 알려줍니다.

엄마들의 설문 조사 결과를 보면 대체로 다음과 같은 의견이 많았습니다.

"이게 뭘까? 하고 아기에게 자꾸 묻다 보니 아기와 대화를 빨리 할 수 있게 되었어요. 아기가 음식의 이름을 기억하면 제가 그걸 먹으라고 줄 때도 있어서 그런지 이름을 기억하는 게 즐거운가 봐요."

(32세, 지바)

"아직 말을 못 할 때부터 종종 물건을 손가락으로 가리키며 '이건 ○○이야~' 하고 이야기해 주었더니 아기가 말을 하기 시작한 시기가 좀 더 빨라진 거 같아요."(33세, 가나가와)

엄마들은 자신의 아기가 다른 아기와 비교해서 말하기 시작한 시기가 빨랐다거나 말을 잘할 수 있게 되었다고 답한 경우가 많았습니다.

그림책 속의 동물과 음식 등을 손가락
으로 가리키면서 질문을 합니다.

 **어떤 방법으로 할까요?**

그림책을 이용해서 사물의 이름을 이야기해 줍니다

자, 그렇다면 사물의 이름을 맞히게 하는 이 놀이는 어떤 방법으로 시작하는 것이 좋을까요? 먼저 동물과 장난감, 음식 등 아기가 흥미를 보일 만한 그림이 잔뜩 실려 있는 그림책을 준비합니다. 엄마는 여러 가지 그림을 손가락으로 가리키며 아기에게 말을 건넵니다. "이게 뭘까~" 하고 말을 건네면서 그림을 보여주면 아기의 관심을 쉽게 끌 수 있습니다.

물론 아기는 아직 말을 못 하는 시기이므로 아기의 대답을 기다려도 소용이 없습니다. "이건 강아지야. 귀엽지?" "이건 사과야. 색깔이 예쁘지?" 하고 손가락으로 가리킨 물건의 이름을 아기에게 소리 내어 알려줍니다. 아기를 안고 물건의 이름을 알려주면 스킨십도 되고 여러 모로 좋습니다.

"아기가 언어를 흡수하는 시기(임계기)는 두 살 무렵이라고 합니다. 따라서 이 시기에 아기는 많은 단어를 기억합니다. 그러므로 이렇게 '말을 건네면서' 하는 놀이가 두 살 무렵에는 아주 중요합니다. 아기의 반응이 딱히 없더라도 신경 쓰지 말고 자꾸자꾸 이야기를 건네는 것이 좋습니다."(NPO법인 일본육아상담자협회, 마스타니 유키노)

참고로 여기에서 말하는 '임계기(臨界期)'라는 것은 무언가를 기억하거나 느끼는 뇌 속의 신경 회로가 외부의 어떤 자극에 의해 집중적으로 만들어지거나 재편성이 활발하게 이루어지는 시기를 의미합니다.

> **"이게 뭘까?"라는 질문으로
> 단어를 잘 기억하게 하는 포인트**
>
> - 동물, 장난감, 음식 등 아기가 흥미를 가질 만한 사물 그림책을 이용합니다.
> - "이게 뭘까?" "도대체 뭘까?" 하고 말을 건네서 아기가 흥미를 느끼게 합니다.
> - 질문을 하고 나서 아기의 반응을 살펴보면서 사물의 이름을 엄마가 소리 내어 말해 줍니다.
> - 아기가 반응을 보이지 않더라도 반복해서 단어를 들려주는 것이 중요합니다.

또 다른 방법은 무엇일까요?

아기의 표정과 행동을 확인하면서 보여줄 물건을 연구합니다

그림책뿐만이 아니라 주변에 있는 다양한 물건을 이용해서 "이게 뭘까?" 놀이를 하는 것도 한 가지 방법입니다. 고무공, 나무 쌓기 블록, 인형, 색깔 있는 컵 등 아기가 흥미를 느낄 만한 물건을 주위에 갖다 놓고 "이게 뭘까?" 하고 말을 붙입니다.

"엄마 혼자 일방적으로 끊임없이 이야기하지 말고 아기가 흥미를 보이는 기색이 있는지 표정을 확인하면서 '말을 건네는 것'이 중요합니다."(NPO법인 일본육아상담자협회, 마스타니 유키노)

또 엄마들의 설문 조사 결과를 살펴보면 다음과 같은 의견이 많았습니다.

"목욕탕에 아기가 굉장히 좋아하는 동물 포스터를 붙여놓고 동물을 손가락으로 가리키면서 이름을 기억하게 했어요. 기분 탓인지 아기가 기억을 빨리 하는 것 같더라고요."(35세, 지바)

"동물 사진을 보여주고 기억하게 했어요."(36세, 가나가와)

"그림책을 보면서 가르쳐주고 그다음에는 실물을 보여주면서 또 알려주었답니다. 그래서인지 단어를 빨리 기억하는 듯한 느낌이 들었어요."(33세, 도쿄)

좀 더 효과를 실감하기 위해서는 아기가 어떤 사물에 흥미를 보이는지 그 모습을 확인하면서 엄마 나름대로 보여줄 그림이나 사진을 연구해서 아기에게 말을 건네야 합니다.

"이게 뭘까?" 효과를 실감한 엄마들의 의견

설문 조사 결과 전체의 약 75.6%의 엄마들이 효과를 실감했습니다. 여러 가지 단어를 기억하게 하는 데 도움이 되었다는 의견이 많았습니다.

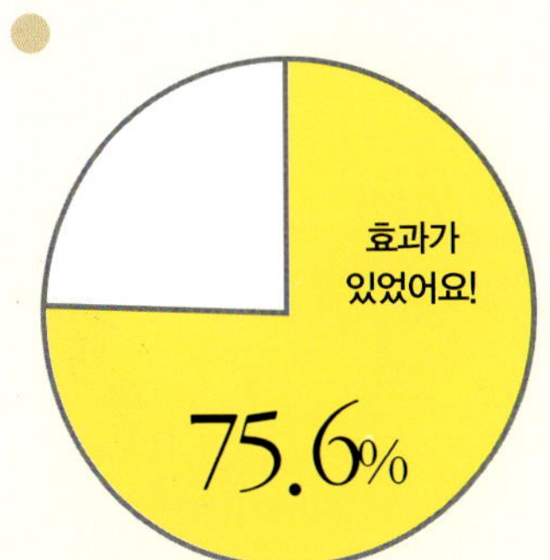

"단어를 기억하게 되었어요." (29세, 가나가와)

"여러 가지 이름을 외우게 하려면 '이게 뭘까?' 하는 질문이 꼭 필요하다고 생각해요. 다양한 사물에 흥미를 보이고 아이가 먼저 물을 때도 있어요." (37세, 도쿄)

"여러 가지 사물의 이름에 관심이 있고 지금은 아이가 먼저 '이게 뭐야?' 하고 묻게 되었어요." (28세, 지바)

"아이 스스로 사물에 흥미를 느끼고 뭐든 물어보게 되었어요." (26세, 지바)

"사물에 대한 흥미가 샘솟는 것 같아요. 단어를 빨리 기억하고 사물의 이름을 말할 수 있게 되었어요." (36세, 가나가와)

"'이게 뭘까?' 라는 질문을 늘 하고 있어요. 반대로 아이가 저에게 묻기도 합니다. 엄마와 아이의 커뮤니케이션 가운데 하나로 참 좋다고 생각해요." (38세, 지바)

"게임을 하는 느낌으로 아기가 동물의 울음소리와 이름을 기억하게 되었어요." (35세, 가나가와)

"단어를 기억하는 속도가 정말로 빨라졌다고 생각해요." (33세, 도쿄)

60.7%
엄마들이 효과를
실감했습니다!

말뚝 꽂기 블록, 고리 끼우기 블록, 나사 돌리기 블록을 갖고 놀게 합니다

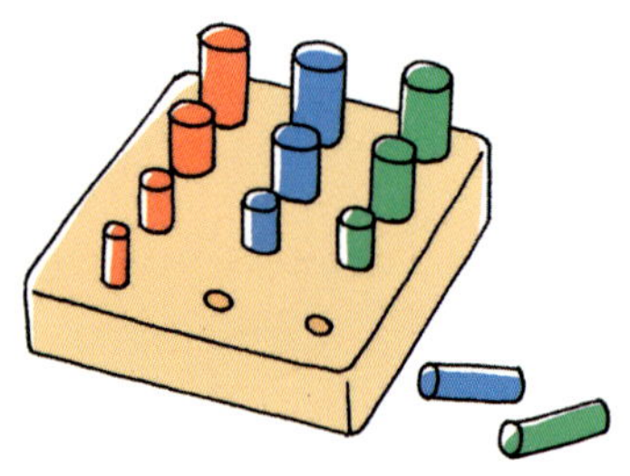

말뚝 꽂기 블록

말뚝을 나무판의 뚫린 구멍에 꽂으면서 놉니다. 정확히 꽂아 넣도록 연습해서 손끝의 예민함을 기릅니다.

고리 끼우기 블록

구멍이 뚫린 고리 블록을 나무판에 고정되어 있는 막대기에 끼워 넣는 장난감. 월령에 맞춰 여러 가지 방법으로 놀 수 있습니다.

나사 돌리기 블록

'볼트'와 '너트'로 구성된 장난감을 통해 손끝의 예민함을 기릅니다. 나사 돌리기 블록은 나무나 플라스틱이 대부분입니다.

 **이것은 어떤 육아법일까요?**

손끝의 예민함을 익히기 위해 다양한 종류의 장난감으로 놉니다

아기는 한 살 전후로 주변에 있는 여러 가지 물건에 흥미를 갖기 시작하고 손으로 잡으려고 듭니다. 문 손잡이를 잡고 돌리려는 것도 정확히 이 시기입니다. 이런 행동을 하기 시작하면 '말뚝 꽂기 블록' '고리 끼우기 블록' '나사 돌리기 블록' 등을 주고 아기가 실컷 놀게 합니다. 구멍에 말뚝을 꽂거나 나사를 비트는 동작은 아기가 손이나 손가락 끝을 마음먹은 대로 움직이게 하는 훈련이 됩니다. 그리고 동시에 손끝을 예민하게 움직이면서 사물의 구조를 이해하게 됩니다. 구멍에 어떤 방향으로 말뚝을 꽂아야 제대로 꽂힐까? 어느 쪽 방향으로 나사를 돌리면 나사가 풀어질까? 아기가 체험하면서 배울 수 있기 때문입니다.

따라서 엄마와 함께 말뚝을 꽂고, 나사를 비틀거나 고리를 끼우며 놀 때는 아기가 손목이나 손끝을 확실히 움직이도록 유도하는 것이 중요합니다.

그 밖에도 비슷한 지능 계발과 지식 교육 효과를 얻기 위한 다양한 장난감이 있습니다. 간단하게 놀 수 있는 장난감부터 좀 더 복잡한 장난감까지 아기의 월령에 맞춰 손끝을 많이 쓰게 하는 장난감으로 아기를 놀게 합니다.

말뚝 꽂기 블록

색깔이나 길이별로 말뚝을 꽂으며 놀기 등 말뚝을
사용하는 방법에 따라 다양하게 놀 수 있습니다.

고리 끼우기 블록

막대기에 구멍이 뚫린 고리를 능숙하게 끼웠다가 뺐다
하며 놀거나 고리의 색깔을 쭉 맞춰 끼우며 놉니다.

 어떤 방법으로 할까요?

손끝을 사용하는 것이 중요하고 '집중력'도 기를 수 있습니다

말뚝 꽂기 블록 말뚝을 나무판에 꽂아서 노는 장난감으로 양 손가락 끝의 예민함을 기를 수 있습니다. 또한 말뚝을 색깔별, 길이별로 꽂기 등 말뚝을 사용하는 방법에 따라 뇌를 자극하는 좀 더 어려운 놀이도 할 수 있습니다. 효과를 실감한 엄마들 중에는 '집중력'을 기르는 데 도움이 되었다는 의견이 많았습니다.

"손끝이 예민해졌어요. 집중력도 생겼다고 생각해요."(36세, 도쿄)

"조용하고 차분하게 놀고 집중력도 생겼어요. 또 손끝이 예민해지고 그림을 잘 그리게 되었어요."(33세, 도쿄)

고리 끼우기 블록 처음에는 단순히 고리를 만지기만 하던 아기도 시간이 지나면 여러 가지 방법으로 고리를 갖고 놀게 됩니다. 아기가 막대기에 고리를 끼우거나 빼서 놀 수 있게 되면 다음에는 좀 더 능숙하게 끼우고 뺄 수 있도록 유도합니다. 처음에는 비스듬히 잡아당겨서 나무판을 엎어뜨리는 등 제대로 고리를 빼지 못하던 아기도 점점 능숙하게 고리를 끼웠다 뺐다 하게 됩니다. 아기가 즐거움을 실감하고 놀이에 집중해서 정신없이 빠져든다면 성공입니다. 또 같은 색깔 고리만 모아서 막대기에 끼우는 동작도 집중력 향상에 효과가 있다고 합니다.

 어떤 효과가 있을까요?

뇌 속의 '거울 뉴런'을 자극하고, 전두엽을 발달시킵니다

아기 혼자서 놀게 하는 것도 좋지만 엄마와 아기가 함께 노는 것도 상당히 중요합니다. 월령에 맞는 놀이 방식을 먼저 엄마가 시범을 보여주면 아기는 그 모습을 흉내 내서 놀게 되기 때문입니다. 이 '흉내를 낸다'는 행위는 뇌 속의 '거울 뉴런'을 자극하고 그 결과 전두엽이 발달한다고 합니다.

따라서 엄마가 고리 끼우기 블록의 고리를 능숙하게 막대기에 끼우고 빼는 모습을 보여주면 아기도 '이렇게 하면 잘 되겠구나~ 나도 빨리 해보고 싶어!' 하고 생각하게 되고, 좀 더 복잡한 놀이를 하고 싶다는 욕구를 자극할 수 있습니다.

이런 욕구를 느끼면 아기는 스스로 적극적으로 놀고 싶어 합니다. 아기가 즐겁다고 느낌으로써 지능 계발과 지식 교육 효과도 향상됩니다.

손끝의 예민함을 기르는 블록의 효과를 실감했다는 엄마들이 다음과 같은 의견을 보내왔습니다.

"아이가 블록을 갖고 노는 사이에 원리를 이해하게 되었어요."(35세, 도쿄)

"발상이 풍부해졌다고 생각합니다."(32세, 사이타마)

'이걸 어떻게 하면 저렇게 될까?' 하는 식으로 원리를 생각해서 이해하는 것은 창조력과 사고력을 기르는 첫걸음입니다. 아기와 함께 노는 장난감 중의 하나로 블록을 꼭 활용해 보세요.

'손끝의 예민함을 기르는 장난감' 효과를 실감한 엄마들의 의견

설문 조사 결과 전체의 약 60.7%의 엄마들이 효과를 실감했습니다. 손끝이 예민해지는 동시에 상상력과 집중력이 늘었다는 의견이 많았습니다.

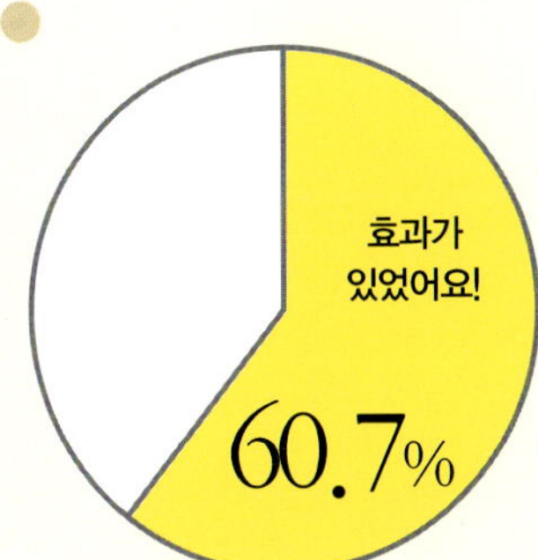

"아기가 뭔가를 성취하는 손의 움직임을 즐겁게 기억하게 되었어요." (39세, 지바)

"발상이 풍부해졌어요." (32세, 사이타마)

"모양을 인식하는 것을 즐거워하고, 여러 가지 사물에 흥미를 갖게 되었답니다." (37세, 가나가와)

"아기가 도구를 이용하는 놀이를 좋아하게 되었습니다." (38세, 가나가와)

"손끝이 예민해지고 집중력이 향상되었어요." (36세, 도쿄)

"블록 놀이를 하게 했더니 원리를 이해하게 되었어요." (35세, 도쿄)

"혼자서 즐겁게 놀 수 있게 되었어요." (33세, 도쿄)

"생후 6개월 정도부터 줄곧 블록 놀이를 했어요. 만져보더니 조립하는 법을 스스로 생각하고 또 그 모양을 말하고 사물에 대한 이해와 상상력이 향상된 것 같아요." (33세, 지바)

생후 8~18개월 활발하게 움직이는 아이를 위한 운동 신경 단련 놀이가 필요한 시기

아기는 8개월이 지나면 엉금엉금 기어 다닐 수 있고, 그때부터 몸을 활발하게 움직이기 시작합니다. 그리고 10개월 가까이 되면 어딘가에 기대서 혼자 걸을 수 있게 됩니다. 아기는 두 손을 자유롭게 움직일 수 있기 때문에 호기심도 왕성해지고, 여기저기 가고 싶어 합니다. 이 시기에는 운동 신경을 단련시키는 놀이를 적극적으로 하게 합니다.

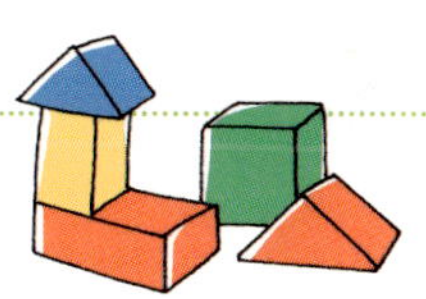

'서서 걷기'를 기억하게 합니다

70.4%
엄마들이 효과를
실감했습니다!

전신 거울 앞에 서서 거울을 붙잡고 걷습니다

낮은 탁자를 이용해서 '기대어 걷기'를 합니다

 **이것은 어떤 육아법일까요?**

혼자서 걸을 수 있으면 주변의 세계가 단숨에 넓어집니다

생후 8개월에서 18개월까지의 시기는 대뇌의 신경 회로가 매우 빠른 속도로 발달하는 '한계기(限界期)'라고 말하기도 합니다. 아기의 뇌를 발달시키는 데 매우 중요한 시기입니다. 아기는 지금까지 앉아 있는 상태에서 여러 가지 자극에 반응을 보이고 행동해 왔지만 드디어 뭔가를 붙잡고 서거나 혼자서 걸을 수 있게 되면 아기 스스로 생각해서 행동하는 지능이 싹트기 시작합니다. 아기에게 '걸을 수 있다'는 것은 주변 세계가 단숨에 넓어지는 것이며 그만큼 많은 자극을 받게 됩니다.

따라서 아기가 뭔가를 붙잡고 설 수 있을 정도로 하반신이 발달하면 일어서서 걷는 훈련을 적극적으로 시킵니다. 물론 훈련을 시키지 않더라도 혼자서 걸을 수 있게 되지만 뇌가 급격히 성장하는 시기에 더 많은 자극을 주기 위해서는 엄마의 도움을 받아 아기가 서서 걷기를 충분히 기억하게 하는 것이 중요합니다.

서서 걷기를 기억하게 한 데에 대한 효과를 실감한 엄마들이 다음과 같은 의견을 보내 왔습니다.

"9~10개월 무렵부터 걷기 연습을 시작했어요. 그 뒤 순조롭게 걸을 수 있게 되었어요."(37세, 사이타마)

"걷기 연습은 꼭 해야 돼요. 날마다 연습하다 보면 금세 걸을 수 있답니다."(31세, 가나가와)

'서서 걷기'를 잘하기 위한 포인트

- 혼자서 걸을 수 있게 되면 스스로 생각해서 행동하는 지능이 싹트게 됩니다.
- '기대어 걷기'와 '거울'을 이용한 연습으로 혼자 걷기를 기억하게 합니다.
- '서서 걷기' 연습을 할 때 다리는 어깨 넓이 정도로 벌리고, 발꿈치는 확실히 바닥에 붙입니다.

'서서 걷기' 효과를 실감한 엄마들의 의견

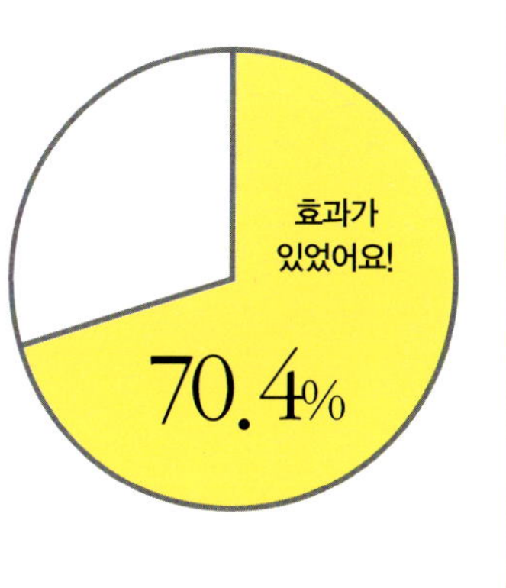

- "일찌감치 걸을 수 있게 되었어요." (29세, 도쿄)
- "아기의 다리와 허리가 튼튼해졌어요." (34세, 도쿄)
- "혼자 서서 걸을 수 있게 된 시기가 빠른 편이라고 생각해요." (26세, 지바)

어떤 방법으로 할까요?

'기대어 걷기'와 '거울 앞에 서기'를 합니다

개인차가 있기는 하지만 보통 10개월에서 12개월 전후, 불안정한 상태라고 해도 아기 스스로 설 수 있게 됩니다. 이 시기에는 '기대어 걷기'와 '거울 앞에 서기'라는 방법을 이용해서 혼자서 걸을 수 있도록 연습합니다.

기대어 걷기 아기가 손으로 충분히 붙잡을 수 있을 정도로 낮은 탁자를 준비하고 탁자 모서리를 붙잡으면서 걷는 연습을 하게 합니다. 엄마는 조금 떨어진 곳에서 "아가야, 이쪽으로 오렴~" 하고 말을 건네고 장난감 등을 보여주며 아기의 흥미를 끌도록 합니다.

거울 앞에 서기 전신 거울 등을 이용해서 거울에 비치는 자신의 모습에 흥미를 갖게 하고, 아기가 거울을 붙잡고 긴 시간을 서 있을 수 있도록 연습을 시킵니다. 붙잡고 서기를 할 때 다리는 어깨 넓이만큼 벌리고 발꿈치를 바닥에 정확히 붙일 수 있도록 해줍니다.

어떤 효과가 있을까요?

복잡하고 어려운 자극을 뇌에 전달합니다

아기가 두 다리로 걷게 되면 앉아 있을 때보다 양손을 자유롭게 사용할 수 있고, 또한 복잡하고 어려운 자극을 뇌에 전달하며 성장 발달에 도움을 준다고 합니다. 때가 되면 스스로 걷게 되는 것이 당연하지만 뇌 자극을 위해 적절한 시기에 마치 놀이를 하듯, 이런 훈련을 시작하는 것이 좋습니다.

76.2%
엄마들이 효과를
실감했습니다!

'숟가락 쥐는 법'을 가르쳐줍니다

세 손가락으로 숟가락을 쥐게 하면 운동도 되고,
뇌의 전두엽과 운동 영역에 자극을 줍니다.

 **이것은 어떤 육아법일까요?**

아기의 두뇌 발달을 위해 세 손가락으로 숟가락을 쥐는 것이 중요합니다

목을 가누기 시작하는 생후 5개월 무렵은 이제까지 먹던 모유와 우유 중심에서 이유식으로 바뀌어가는 시기입니다. 아울러 엄지손가락, 집게손가락, 가운뎃손가락, 이렇게 세 손가락을 이용해서 아기 혼자 숟가락을 쥐는 훈련을 시작합니다. 숟가락을 능숙하게 사용한다는 것은 손가락 끝을 예민하게 활용하는 기초가 됩니다. 또 엄지손가락, 집게손가락, 가운뎃손가락, 이렇게 세 손가락을 능숙하게 사용함으로써 뇌의 운동 영역이 발달하게 되고, 전두엽을 좀 더 활동하게 하는 좋은 자극이 됩니다.

먼저 엄마가 엄지손가락, 집게손가락, 가운뎃손가락을 사용해 숟가락 자루를 쥐고 있는 모습을 아기에게 보여줍니다. 그리고 아기에게도 엄마와 마찬가지로 숟가락을 쥐도록 유도합니다. 두 손가락으로 작은 공 등을 잡는 훈련을 미리 해두면 숟가락을 쥐는 훈련도 쉬워집니다.

아기들은 보통 주먹을 움켜쥐고 숟가락을 들게 되는데, 이렇게 하면 손가락 훈련이 되지 않기 때문에 반드시 세 손가락으로 숟가락을 쥐도록 하는 것이 중요합니다. 숟가락을 제대로 쥐게 되면 수프나 과즙 등을 아기가 스스로 떠먹을 수 있도록 유도합니다. 숟가락을 잘 쥐게 되면 나중에 젓가락을 쥐는 법을 알려줄 때도 굉장히 빨리 배울 수 있습니다.

＊운동 영역… 몸의 각 부분의 근육을 목적에 맞춰 움직이도록 관장하는 뇌의 영역

＊전두엽… 창조력, 통찰력, 판단력, 커뮤니케이션 능력을 관장하는 뇌의 영역

엄지손가락, 집게손가락, 가운뎃손가락 세 손가락을 사용하여 숟가락 자루를 쥐는 연습을 합니다.

'숟가락'을 잘 쥐기 위한 포인트

- 이유식을 시작하면 아기에게 숟가락 쥐기를 기억하게 합니다.
- 엄마가 먼저 시범을 보여줍니다.
- 엄지손가락, 집게손가락, 가운뎃손가락 세 손가락을 써서 똑바로 쥐게 합니다.
- 손끝을 예민하게 쓰면 아기의 두뇌 발달에도 좋은 영향을 줍니다.
- 숟가락을 잘 쥐고 나면 젓가락도 자연스럽게 쥘 수 있게 됩니다.

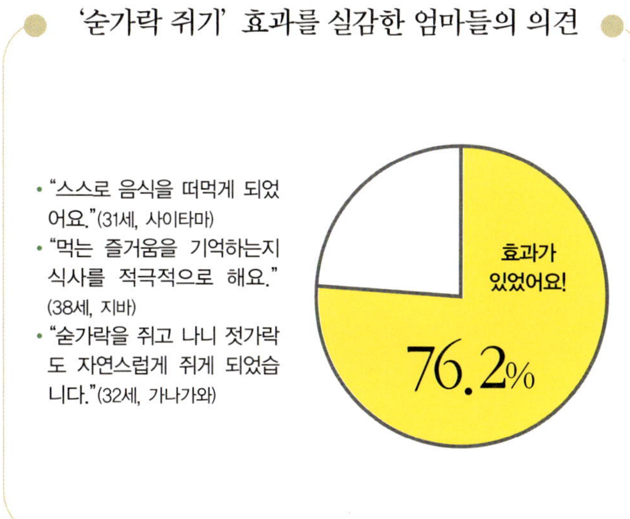

'숟가락 쥐기' 효과를 실감한 엄마들의 의견

- "스스로 음식을 떠먹게 되었어요."(31세, 사이타마)
- "먹는 즐거움을 기억하는지 식사를 적극적으로 해요." (38세, 지바)
- "숟가락을 쥐고 나니 젓가락도 자연스럽게 쥐게 되었습니다."(32세, 가나가와)

어떤 방법으로 할까요?

엄지손가락, 집게손가락, 가운뎃손가락을 사용합니다

엄마가 엄지손가락, 집게손가락, 가운뎃손가락 이 세 손가락으로 숟가락 자루를 쥔 다음에 그 모습을 아기에게 보여줍니다. 그런 식으로 먼저 아기가 엄마를 흉내 내게 하는 것이 매우 중요합니다.
"아기는 엄마의 행동을 보고, 즉 시각으로 정보를 얻고 나서 다양한 행동을 '흉내' 내려고 합니다. 아기에게 숟가락을 쥐는 연습을 시킬 때 엄마도 반드시 함께 숟가락을 쥐고 식사하는 모습을 보여줘 아기가 흉내 내게 하는 것이 중요합니다. 또한 식사를 할 때에는 아기를 '먹게 하는 것'이 아니라 엄마와 아기가 '함께 먹는 것'이 좋습니다."
(NPO법인 일본육아상담자협회, 마스타니 유키노)

숟가락을 쥐는 법뿐만 아니라 '먹는다'는 행위도 아기가 엄마를 확실히 흉내 내도록 유도합니다.

어떤 효과가 있을까요?

젓가락과 필기도구도 잘 쥐게 됩니다

"쥐는 연습을 꾸준히 시켰더니 젓가락은 물론이고, 필기도구도 잘 쥐게 되었어요."(38세, 가나가와)
숟가락을 쥘 수 있게 됨으로써 그 뒤에 여러 가지 행동에 좋은 영향을 끼쳤다는 엄마들의 의견이 많았습니다.

60.4%
엄마들이 효과를
실감했습니다!

"냠냠 · 꿀꺽 · 아~" 하고 먹는 법을 알려줍니다

이것은 어떤 육아법일까요?

이유식 초기부터 음식 먹기의 기초를 익히게 합니다

이유식을 처음 시작할 때는 아기가 음식을 씹어 먹을 필요가 거의 없지만 음식을 씹어서 식도로 넘기는 동작은 이 시기에 알려주는 것이 좋습니다. 먼저 아기의 입에 이유식을 넣어준 뒤 "냠냠" 하고 씹는 동작을 하게 합니다. 이어서 씹어서 잘게 부순 음식을 "꿀꺽" 하고 식도로 삼키는 동작을 하게 합니다. 그리고 마지막으로 아기의 입을 "아~" 하고 벌리게 해서 음식을 제대로 삼켰는지 확인하는 식으로 먹는 훈련을 합니다.

"전문가의 입장에서 보면 아기를 키우는 엄마들의 다양한 고민 중에서 '아기의 식사'와 관련된 문제가 가장 많다고 생각하는 편입니다.

하지만 정작, 아기와 매일매일 함께 밥을 먹는 엄마들은 식사에 대해 그다지 큰 고민을 하지 않습니다. 늘 반복되는 일상이라고 생각하기 때문입니다. 사실, 아기는 엄마뿐만 아니라 어른들의 흉내를 내며 음식을 먹는 법을 배우기 때문에 매일 마주보는 엄마가 즐겁게 먹는 모습을 보여주는 것만으로도 제대로 먹는 법을 쉽게 익힐 수 있습니다. 그러므로 음식을 씹는 동작을 알려줄 때 반드시 엄마도 아기와 함께 밥을 먹으면서 가르쳐줘야 합니다." (NPO법인 일본육아상담자협회, 마스타니 유키노)

숟가락을 쥐는 훈련과 마찬가지로 음식을 먹을 때도 아기가 엄마를 흉내 내게 하고 함께 식사를 하면서 자연스럽게 가르쳐주는 것이 꼭 필요합니다.

'냠냠' '꿀꺽' '아~' 각각의 동작을 확인하면서 밥을 먹게 합니다.

'냠냠 · 꿀꺽 · 아~'를 잘하기 위한 포인트

- 이유식 시기부터 먹는 법을 알려주기 시작합니다.
- '냠냠' 하고 씹는 동작을 시키고 '꿀꺽' 하고 삼키게 하고 '아~' 하고 입을 벌려 음식이 남아 있지 않은지 확인합니다.
- 엄마도 함께 밥을 먹으면서 시범을 보여주는 것이 좋습니다.

'냠냠 · 꿀꺽 · 아~' 효과를 실감한 엄마들의 의견

- "꼭꼭 씹어서 먹게 되었어요."(36세, 지바)
- "먹는 법을 알려주니까 아기가 씹는 행위를 의식하게 되었어요."(34세, 지바)
- "잘 씹어 먹는 버릇이 생겼답니다."(36세, 가나가와)

어떤 방법으로 할까요?

엄마가 세 가지 동작의 시범을 보여줍니다

'냠냠 · 꿀꺽 · 아~'의 방식을 구체적으로 엄마가 시범을 보입니다. 먼저 아기의 입에 음식을 넣어주고 엄마가 입으로 "냠냠" 하고 씹는 동작을 보여 아기도 꼭꼭 씹어 먹도록 도와줍니다. 음식을 입에 넣어줄 때는 맛을 느끼는 장소인 '미뢰'가 있는 혀 끝 쪽에 올려놓습니다. 아기가 잘 씹어 먹으면 "잘했어~ 이번에는 음식을 꿀꺽 삼켜볼까?" 하고 말을 건넵니다. 그리고 "꿀꺽" 하고 음식을 삼키는 시범을 보이고 나서 아기도 음식을 꿀꺽 삼키도록 도와줍니다.

또 마지막에는 음식을 잘 삼켰는지 확인하는 것도 잊지 않도록 합니다. "음식을 잘 삼켰니? 아~ 해보렴" 하고 아기의 입안에 음식이 남아 있지 않은지 확인합니다. 남아 있는 음식이 있으면 모두 다 삼키도록 유도합니다.

어떤 효과가 있을까요?

꼭꼭 씹어 먹을 수 있게 됩니다

"단순히 먹는 모습을 아기에게 보여주는 것만으로는 씹는 동작에 대해 구체적으로 가르쳐줄 수 없었는데요. "냠냠" "꿀꺽" 하고 소리 내어 말하면서 시범을 보여주었더니 아기가 거짓말처럼 꼭꼭 잘 씹어 먹게 되었어요."(34세, 지바)

설문 조사를 해보니 엄마들의 이같은 의견이 많았습니다.

63.4%
엄마들이 효과를
실감했습니다!

계단을 오르락내리락하는 훈련을 시킵니다

운동 = 뇌에 대한 자극 + 근력의 발달

운동을 통해서도 뇌에 자극을 줄 수 있습니다.
또 성장에 맞는 적절한 운동은 아기의 다리 및
허리의 근력 발달과 균형 감각을 기르는 데
효과적입니다.

 **이것은 어떤 육아법일까요?**

**운동 = 뇌에 대한 자극 + 근력의 발달
아기의 행동 범위가 넓어집니다**

아기가 혼자 일어서서 걷게 되게 되면 좀 더 능숙하고 안전하게 걸을 수 있도록 다리와 허리에 근력이 붙는 훈련을 서서히 시작합니다. 아기가 두 발로 걷는 이 시기는 스스로 다양한 시도를 할 수 있는 중요한 때입니다. 이때 엄마는 아기의 행동을 도와주고 적당한 운동을 시킴으로써 뇌의 자극과 근력 발달을 촉진할 수 있습니다. 또한 뇌 발달에도 좋은 영향과 자극을 주는 것이 중요한데, 그 하나로 '계단을 오르락내리락하는 훈련'을 권합니다.
계단을 오르락내리락하는 것은 스스로 걸을 수 있게 된 아기가 흥미를 느끼는 행동 가운데 하나입니다. 이런 흥미를 이용해서 보다 적극적으로 아기에게 훈련을 시킵니다. 하지만 한두 계단 정도라고 해도 아기에게는 위험합니다. 반드시 엄마가 아기 곁에서 눈을 떼지 말고 신경 쓰면서 연습을 시키세요.
계단을 오르락내리락하는 훈련의 효과를 실감한 엄마들이 이런 의견을 보내 왔습니다.
"다리와 허리가 튼튼해지고 오랫동안 걸어도 아기가 떼를 쓰지 않게 되었어요." (39세, 도쿄)
"운동 신경이 굉장히 발달했다는 느낌이 들어요." (35세, 도쿄)
"다리와 허리가 튼튼해졌어요." (37세, 지바)
운동 능력과 근력 발달에 대한 의견이 많았습니다.

준비한 발판은 되도록 아기의 다리 길이
보다 낮은 것으로 준비합니다.

아기가 무서워서 발을 내려놓지 못하는 경우에는 손바닥
으로 발을 받쳐주어, 바닥에 천천히 내려놓게 합니다.

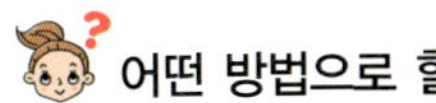 **어떤 방법으로 할까요?**

집에 계단이 없다면
발판 등의 도구를 활용합니다

일반 주택이나 복층 아파트처럼 집에 계단이 있으면 그곳에서 연습을 합니다. 하지만 이런 계단이 없는 경우에는 나무로 된 발판 등 튼튼한 도구를 활용해서 실시합니다. 이때 발판의 높이는 아기의 다리 길이(가랑이부터)보다 낮은 것을 준비합니다.

구체적인 훈련 방법을 배워볼까요? 일단 아기가 기어서 발판 위에 올라가게 합니다. 그런 다음, 아기가 많이 쓰는 발을 발판 위에서 내려 잠시 발이 공중에 뜬 자세로 두고 바닥에 발이 제대로 닿도록 엄마가 이끌어줍니다. 만약에 아기가 무서워하면 엄마 손바닥에 아기의 발을 올려놓고 "무섭지 않아~" 하고 말을 건네면서 천천히 발을 바닥에 내려놓게 합니다. 이때 발을 무리하게 바닥에 내려놓지 않도록 주의합니다.

이 운동을 여러 번 반복하는 과정을 통해서 아기가 혼자 할 수 있게 되면 다음에는 다른 한쪽 발도 바닥에 내려놓도록 유도합니다. 이때 엄마는 아기가 먼저 내려놓은 발에 체중이 단단히 실렸는지 확인해야 합니다. 두 다리로 똑바로 설 수 있을 때까지 이 같은 훈련을 반복합니다. 발판에 올라가는 것은 굳이 훈련하지 않아도 저절로 할 수 있습니다. 주의해야 할 점은 발을 바닥에 내려놓을 때 넘어질 위험이 있다는 것입니다. 훈련을 할 때는 반드시 엄마가 아기 곁에서 지켜봐야 합니다.

'계단을 오르락내리락하는'
연습을 잘하기 위한 포인트

- 계단을 오르락내리락하는 것을 완전히 습득하면 아기의 행동 범위가 넓어집니다.
- 뇌에 대한 자극과 근력의 발달을 촉진합니다.
- 다리 길이보다 낮은 발판을 준비합니다.
- 반드시 엄마가 아기 곁에 함께 있어야 합니다.
- 많이 쓰는 발부터 바닥에 내려놓고 체중을 단단히 싣도록 합니다.
- 아기가 무서워하는 경우 일단 엄마의 손바닥 위에 발을 올려놓고 그다음에 바닥에 내려놓도록 도와줍니다.
- 두 다리로 바닥에 제대로 서 있을 수 있도록 여러 번 반복해서 실행합니다.
- 아기 혼자서 할 수 있게 합니다.

아기 혼자서 발판을 오르락내리락할 수 있도록 엄마가 옆에서 격려해 줍니다. 정확하게 한 발씩, 체중을 실어 바닥에 발을 내려놓는 것이 포인트입니다.

 ## 어떤 효과가 있을까요?

적당한 운동을 함으로써 뇌와 근력의 발달을 촉진합니다

처음에는 엄마의 도움을 받아서 발판을 오르락내리락하는 운동을 시작하지만, 같은 과정을 반복하면서 그 동작이 익숙해지게 되면 아기가 혼자서도 발판을 오르락내리락할 수 있도록 격려해 줍니다. 이때 발판의 높이는 아기 허리 정도까지 오는 것을 준비합니다. 아기가 발판 위에서 엉금엉금 기는 자세로 혼자서 내려갈 수 있도록 말을 건네면서 연습을 시킵니다. 이때도 다리를 내려놓는 방법과 많이 쓰는 발에 체중을 싣는 법, 체중의 이동 방식 등 다음 행동으로 옮기는 하나하나의 움직임을 세심하게 확인합니다.

혼자서 걸을 수 있게 되면 아기는 이제 흥미가 있는 것을 찾아 적극적으로 행동합니다. 그런 만큼 아기에게 '계단은 위험한 것, 조심해야 하는 것'이라는 사실을 반복해서 가르쳐주세요.

사실 이 방법은 이제 막 걷기 시작한 아기에게는 어려운 운동이기 때문에 처음부터 잘할 거라는 기대는 하지 않는 것이 좋습니다. 아기가 흥미를 보이는 시기에 맞춰 적극적으로 계단을 오르락내리락하는 놀이에 도전하게 합니다.

아기의 행동을 도와주고 적당한 운동을 시킴으로써 뇌에 대한 자극과 근력의 발달을 촉진합니다. 계단을 오르락내리락하는 운동은 뇌의 발달에도 좋은 영향을 준다고 합니다. 불안해하지 말고 아기의 성장 발달에 맞춰 시도해 보세요.

'계단을 오르락내리락하는 연습' 효과를 실감한 엄마들의 의견

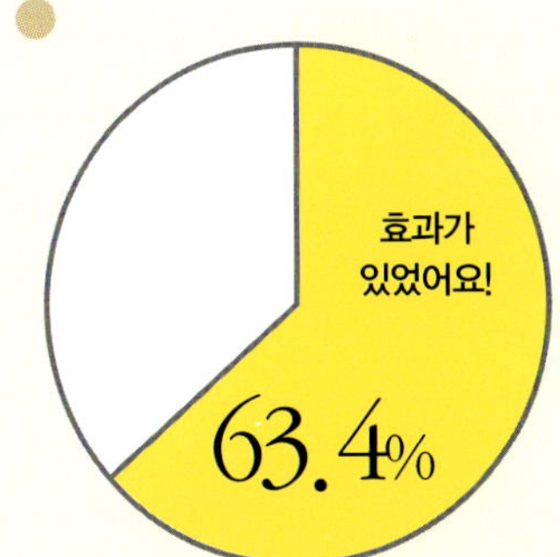

설문 조사 결과 전체의 약 63.4%의 엄마들이 효과를 실감했습니다. 계단을 잘 오르락내리락할 수 있게 되었다는 효과 이외에도 균형 감각과 운동 능력이 몸에 뱄다는 의견이 많았습니다.

"다리와 허리의 근력 강화, 위험을 감지하는 효과가 있었다고 생각합니다."(37세, 사이타마)

"전에는 어른의 도움이 없으면 계단을 내려가는 걸 무서워했는데 지금은 혼자서 한두 칸은 이동할 수 있게 되었어요."(30세, 가나가와)

"균형 감각을 길러서인지 웬만해서는 넘어지지 않아요."(32세, 가나가와)

"주의력이 좋아졌다고 생각해요."(32세, 지바)

"손, 발, 몸통을 움직이는 거친 운동을 한 듯한 느낌이에요."(39세, 지바)

"미끄럼틀 같은 놀이기구에 빨리 익숙해져서 재밌게 놀게 되었어요."(37세, 가나가와)

"계단을 능숙하게 오르내릴 수 있게 되었답니다."(33세, 사이타마)

"집 계단에서 연습을 했는데요. 야외에서도 발에 걸려 넘어지는 일이 없어졌어요."(33세, 도쿄)

"스스로 안전하게 움직일 수 있게 되었어요."(34세, 가나가와)

"아기가 손발을 어떻게 움직이면 좋을까 생각하고 행동하게 되었습니다."(30세, 지바)

"긴 거리를 걸을 수 있게 되었어요."(27세, 도쿄)

"몸을 쓰는 법을 기억하고 얼마 지나지 않아 거꾸로 오르기도 하게 되었어요."(33세, 도쿄)

"운동 기능 발달에 좋다고 생각해요."(38세, 지바)

79.5%
엄마들이 효과를
실감했습니다!

나무 쌓기 놀이를 하게 합니다

이것은 어떤 육아법일까요?

나무 쌓기는 창조성을 키워주는 중요한 놀이입니다

아기가 12개월 무렵이 되면 자유롭게 창조성을 키울 수 있는 나무 쌓기 놀이를 적극적으로 권합니다.

"짧은 변의 두 배는 긴 변의 길이와 같다는 등 대부분의 나무 쌓기 블록의 크기에는 일정한 법칙이 있습니다. 나무 쌓기 놀이를 하는 동안 아이 자신이 그 법칙을 발견하게 됩니다. 또 아이가 여러 가지 모양을 조합해서 뭔가를 만드는 것은 '다양한 정보를 통일한다'는 행위로 나무 쌓기 블록은 창조성을 기르는 최적의 교재라고 할 수 있습니다." (어린이완구관 관장, 와쿠 요조)

이 놀이를 위해서 준비하는 나무 쌓기 블록의 경우, 가장 일반적인 정육면체와 직육면체를 기본으로 합니다. 단순한 모양의 나무 쌓기 블록이 많을수록 상상력을 발휘해서 다양한 놀이를 할 수 있습니다. 또한 아기의 월령에 맞춰 나무 쌓기 블록의 양을 최대한 많이 주는 것이 중요합니다.

설문 조사 결과를 보면 많은 엄마들이 그 효과를 실감했습니다.

"입체를 인식할 수 있게 되었어요. 균형이 안 잡히면 블록이 무너진다는 사실도 알게 되었답니다." (33세, 지바)

"집중력이 길러지고 스스로 뭔가를 만드는 창조력이 생겼다고 생각해요." (34세, 도쿄)

창조력을 키우는 효과가 있었다는 의견이 많았습니다.

처음에는 엄마가 쌓아올린 블록을 아기가 무너뜨리는 놀이부터 시작합니다.

'나무 쌓기 놀이'를 잘하기 위한 포인트

- 나무 쌓기 블록은 아이의 자유로운 창조성을 키우는 장난감입니다.
- 월령에 따라 나무 쌓기 놀이를 다양하게 할 수 있습니다.
- 처음에는 엄마가 쌓아올린 블록을 아이가 무너뜨리는 놀이부터 시작합니다.
- 공간 파악 능력을 기를 수 있고 산수의 기초 원리도 배울 수 있습니다.

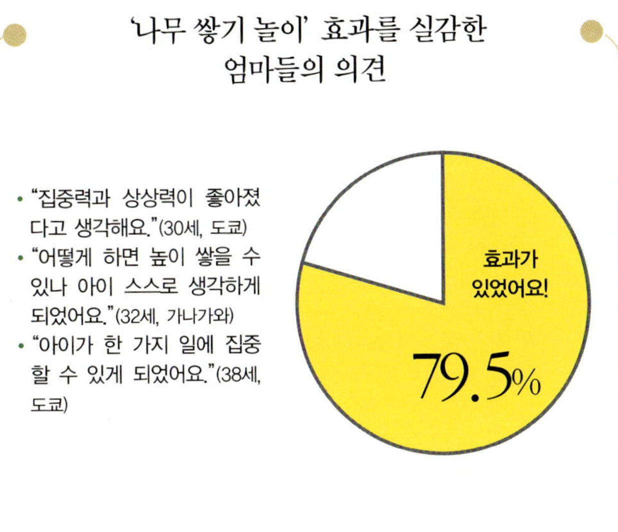

어떤 방법으로 할까요?

흉내 내면서 늘어놓거나 쌓아올립니다

아이의 성장에 따라 놀이 방식을 바꾸도록 합니다. 12개월 전후에는 엄마가 먼저 블록을 쌓아올리고 아기가 무너뜨리게 하는 놀이부터 시작합니다. 높이 쌓는 것이 어려울 때는 옆으로 쭉 늘어놓는 방식부터 시작하면 좋습니다. 이때 손가락 끝의 예민함을 기르기 위해 한 손뿐만이 아니라 양손을 모두 써서 블록을 갖고 놀도록 유도합니다. 엄마 흉내를 내며 아기가 블록을 나란히 늘어놓는 동작은 뇌 속의 거울 뉴런을 단련시키는 데도 도움이 됩니다. 블록을 옆으로 쭉 늘어놓을 줄 알게 되면 다음에는 블록을 위로 높이 쌓아올리는 놀이도 시도해 봅니다.

어떤 효과가 있을까요?

공간 파악 능력을 단련시킬 수 있습니다

"아이가 어린 시절부터 나무 쌓기 블록을 가까이 두고 활용하게 하는 것이 좋습니다. 이것을 이용해서 공간 파악 능력을 단련시키는 일은 굉장히 중요하기 때문입니다. 어린이들 중에는 산수와 수학의 입체 도형 문제를 어려워하는 경우가 많은데, 실제로 나무 쌓기 놀이는 이와 같은 산수와 수학의 기초를 다지는 데에도 상당히 효과적입니다. 엄마가 쌓은 모양과 똑같은 모양으로 아이가 흉내 내면서 쌓는 단순한 과정이라고 해도 공간 파악 능력을 기르는 데는 대단히 효과적이라는 것을 기억할 필요가 있습니다."(All About 「조기 교육, 유아 교육」 가이드, 우에노 미도리코)

＊ 거울 뉴런… '다른 사람의 흉내'를 내거나 표정으로 상대의 '마음'을 읽도록 도와주는 뇌 안의 물질

76.1%
엄마들이 효과를
실감했습니다!

양손을 써서 종이를 잘 찢는 법을 알려줍니다

손가락 끝을 예민하게 움직임으로써 근육을 움직이
게 하는 뇌의 '운동 영역'이 자극을 받습니다.

이것은 어떤 육아법일까요?

손끝을 예민하게 움직이면 뇌의 '운동 영역'이 자극을 받습니다

양손을 자유롭게 움직일 수 있게 되면 아기도 휴지, 신문지 등 얇은 종이는 자신의 의지로 찢을 수 있게 됩니다. 종이를 찢는 놀이를 할 줄 알게 된 다음에는 손을 움직이는 방법과 손가락 끝의 사용법, 힘을 주는 방법 등을 연구해 좀 더 난이도가 높은 종이 찢기 연습을 합니다.

종이를 찢는 등 손가락 끝을 예민하게 움직이는 행동은 근육을 움직이는 뇌의 '운동 영역'을 자극해서 뇌의 발달에도 좋은 영향을 미친다고 합니다. 또한 종이 찢기는 집중력을 기르는 데도 효과적입니다.

"손가락 끝은 제2의 뇌라고 하여 손가락 끝을 단련시키면 뇌가 활성화됩니다. 손가락 끝을 이용한 놀이는 어린 시절부터 자주 하게 하는 것이 좋습니다. 아기는 종이를 찢으며 노는 것을 아주 좋아합니다. 처음에는 얇은 종이를 찢다가 점점 두꺼운 종이 찢기에 도전하게 합니다. 두꺼운 종이를 잘 찢지 못할 때는 미리 살짝 잘라두면 쉽게 할 수 있습니다."(All About 「조기 교육, 유아 교육」 가이드, 우에노 미도리코)

아기가 얇은 종이를 쉽게 찢는 경우에는 이제 두꺼운 종이나 다소 찢기 어려운 종이를 준비하면 좀 더 효과적으로 두뇌를 계발할 수 있습니다.

* 운동 영역… 몸의 각 부분의 근육을 목적에 맞춰 움직이는 것을 관장하는 뇌의 영역

종이 찢기를 하면 손과 손가락을 쓰는 방법과 힘을 주는 방법을 배울 수 있습니다. 찢기 쉬운 신문지 이외에 두꺼운 종이와 광고지, 잡지 등 다양한 종이를 이용해서 아기를 놀게 합니다.

'종이 찢기'를 잘하기 위한 포인트

- 손가락 끝을 예민하게 움직이면 뇌의 발달에 좋은 영향을 줍니다.
- 신문지와 잡지, 두꺼운 종이 등 다양한 질감의 종이를 찢게 합니다.
- 신문지는 섬유 방향으로 찢습니다.
- 종이를 테이프 모양으로 길게 찢는 등 좀 더 복잡한 과제에도 도전하게 합니다.

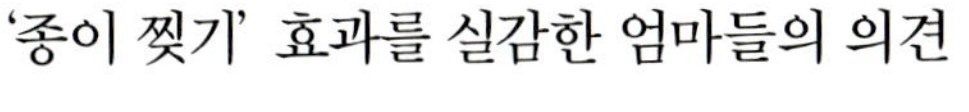

'종이 찢기' 효과를 실감한 엄마들의 의견

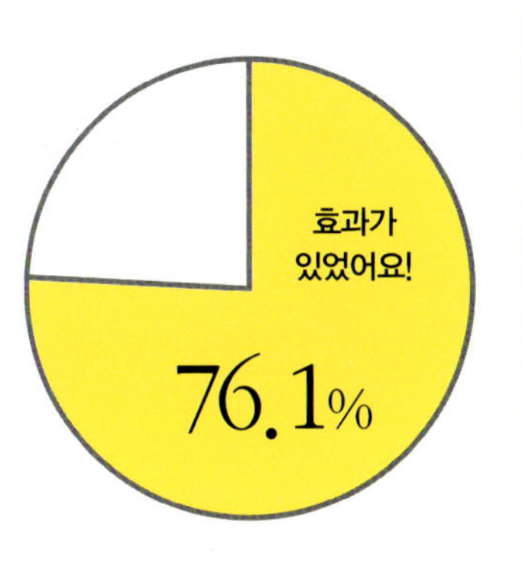

- "집중력과 상상력이 길러진다고 생각해요."(33세, 지바)
- "손끝에 힘을 넣는 방식을 기억하는 듯해요."(33세, 사이타마)
- "아이가 소재의 차이 등 물건의 질감을 이해하고 있다는 생각이 들어요."(29세, 도쿄)

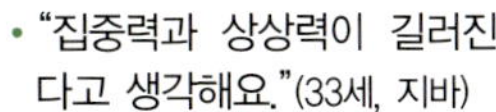 어떤 방법으로 할까요?

최대한 길게 찢습니다

양손을 이용해서 신문지를 넓게 펼치면서 최대한 길게 찢도록 유도합니다. 길게 찢기 위해 힘 조절, 찢는 방향 등 여러 가지를 생각하다 보면 양손을 능숙하게 사용하게 됩니다. 신문지 외에 두꺼운 종이, 잡지 등 질감이 다른 종이도 아기가 길게 찢어보도록 합니다.

신문지 등은 섬유 방향으로 찢으면 잘 찢어집니다. 종이를 찢기 쉬운 방향으로 아기가 손을 움직일 수 있도록 엄마가 신문지 잡는 방법을 유도해 주면 좋습니다. 아기가 종이를 길게 찢을 줄 알게 되면 이번에는 1~2㎝ 정도의 가느다란 테이프 모양으로 길게 찢는 연습을 시킵니다. 손가락 끝의 움직임과 팔에 힘을 주는 좀 더 복잡하고 섬세한 과정을 통해 아이의 두뇌가 발달합니다.

어떤 효과가 있을까요?

손끝이 예민해지고 뭔가를 만드는 것을 즐거워하게 됩니다

"종이가 작아질 때까지 계속 찢게 했더니 손가락 끝이 예민해졌어요."(33세, 사이타마)

"처음에는 종이를 찢기만 했지만 나중에는 삼각형이나 사각형 모양도 손으로 찢어서 만들 수 있게 되었어요."(26세, 가나가와)

'까치발 서기' 와 '공중제비'로 운동 신경을 단련시킵니다

56.1%
엄마들이 효과를
실감했습니다!

집 벽에 좋아하는 캐릭터 그림을 붙여놓는 등 아기가 흥미를 갖도록 연구합니다.

엄마는 아기의 허리를 꽉 붙잡고 물구나무서기를 하게 도와줍니다. 아기의 양손이 바닥에 정확히 닿도록 유도합니다.

이것은 어떤 육아법일까요?

근력과 평형감각을 기르는 전신 운동입니다

18개월 전후가 되면 아기는 혼자서 걸을 수 있게 됩니다. 이 무렵에는 걷기뿐만 아니라 다양한 전신 운동을 하는 것이 좋습니다.

'까치발 서기'도 효과적인 전신 운동 가운데 하나입니다. 똑바른 자세로 서거나 아장아장 걸을 수 있게 되려면 엄지발가락의 힘이 굉장히 중요합니다. 먼저 아기가 마음에 들어 하는 캐릭터 그림을 준비합니다. 그 그림을 아기가 까치발로 서서 간신히 손이 닿을 정도의 높이에 붙여 놓습니다. 방 벽 같은 곳을 이용하면 좋습니다. 엄마는 "아가야~ 여기 ○○이 있네~" 하고 아기의 흥미를 끄는 대화법으로 다정하게 말을 걸며 아기가 자연스럽게 까치발로 설 수 있도록 유도합니다.

까치발 서기 같은 동작이 가능해진 후에는 '물구나무서기' 등 온몸을 이용한 역동적인 운동도 해봅니다. 물구나무서기 연습을 할 때에는 아기가 먼저 두 손을 바닥에 완전히 대도록 유도합니다. 다음에 엄마가 아기의 허리를 잡고 몸을 붕 띄워서 손만으로 몸통을 지탱해 줍니다. 그리고 아기가 양손을 바닥에 댄 것을 확인하면 아기의 발을 잡고 위쪽으로 올려서 물구나무서기 자세를 취하도록 합니다. 물구나무서기 연습은 등줄기와 팔 근력을 키우는 효과가 있고 또한 평형감각도 기를 수 있습니다.

두 다리를 어깨 넓이로 벌리고 양손을 바닥에 댄 상태에서 다리를 들어 올립니다.

아기에게 자신의 배꼽을 바라보라고 말하고 서서히 다리를 앞쪽으로 내려놓습니다.

'까치발 서기' '공중제비'를 잘하기 위한 포인트

- '까치발 서기' 연습을 해서 엄지발가락의 힘을 기릅니다.
- '까치발 서기' 연습은 벽을 이용하면 효과적입니다.
- '물구나무서기'를 할 줄 알게 되면 '공중제비'에도 도전하게 합니다.
- 전신 운동을 하면 근력과 평형감각이 길러지고 아울러 뇌의 전두엽을 자극하게 됩니다.

'까치발 서기' 와 '공중제비' 효과를 실감한 엄마들의 의견

- "칭찬을 해주니까 운동 신경이 향상되는 느낌이 들었어요."(36세, 사이타마)
- "아이가 운동 신경이 굉장히 발달한 것 같아요."(30세, 사이타마)
- "거뜬하게 해내니까 스스로 성취감을 느끼는 것 같았어요."(35세, 가나가와)

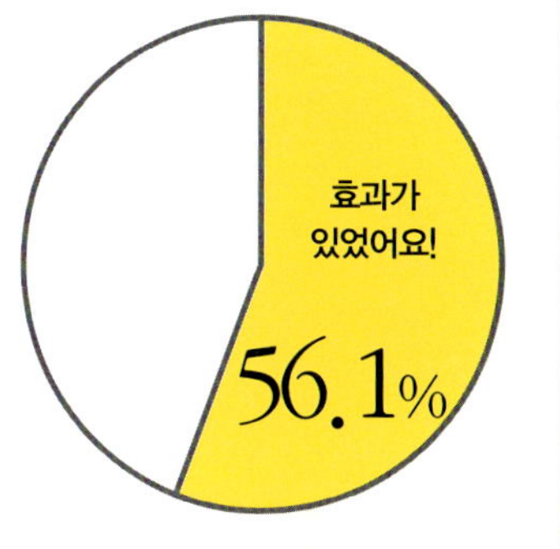

어떤 방법으로 할까요?

역동적인 운동에도 도전해 봅니다

아기가 물구나무서기를 할 줄 알게 되면 다음에는 역동적인 운동에도 도전하게 합니다. 예를 들면 '공중제비'가 있습니다. 몸을 데굴데굴 회전시키는 움직임을 연습해 두면 '낙법'을 익힌 셈이 되므로 갑자기 쓰러졌을 때 다치지 않게 됩니다. 연습 방법은 먼저 아기가 두 발을 벌린 상태에서 두 손을 바닥에 완전히 대고 넓적다리 사이로 반대쪽을 보도록 유도합니다. 그리고 웅크린 자세에서 다리를 들어 앞으로 구르게 합니다. 이때 아기가 자신의 '배'를 보는 듯한 자세를 취하면 공중제비를 수월하게 할 수 있습니다.

어떤 효과가 있을까요?

두뇌의 전두엽이 활성화됩니다

"전신 운동은 신체 성장을 촉진할 뿐만 아니라 몸을 통해 많은 정보를 흡수하고 뇌의 전두엽도 활성화시킨다고 합니다."(All About 「조기 교육, 유아 교육」 가이드, 우에노 미도리코)

엄마들이 보내온 의견입니다.

"여러 가지 체조의 움직임을 배우게 되었어요."(35세, 도쿄)

"몸을 움직이는 기쁨을 느꼈다고 생각합니다."(36세, 도쿄)

운동 신경의 발달과 더불어 다른 운동을 좋아하게 되었다는 다양한 의견도 있었습니다.

＊전두엽… 창조력, 통찰력, 판단력, 커뮤니케이션 능력을 관장하는 뇌의 영역

 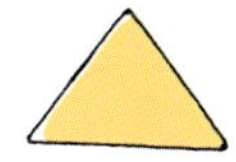

생후 18~36개월

아이와 대화하면서 다양한 도전을 시작해야 할 시기

아기가 혼자서 걸을 수 있게 되면 양손을 써서 놀고 손끝이 점점 예민하게 발달합니다.
아울러 말의 의미도 정확히 이해하게 됩니다. 아기가 자신의 의지를 전달할 수 있기 때문에 엄마와 아기가 대화를 주고받으면서 다양한 도전을 할 수 있습니다.

72.1%
엄마들이 효과를
실감했습니다!

침실을 어둡게 해서 아기를 재웁니다

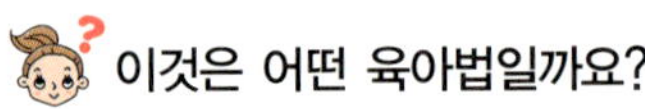 **이것은 어떤 육아법일까요?**

수면 중에는 아이의 성장에 꼭 필요한 '멜라토닌'이 분비됩니다

수면 중 뇌 안에서 분비되는 물질 가운데 하나로 '멜라토닌'이 있습니다. 이 멜라토닌에는 노화 방지 효과가 있는 '항산화 작용' 성분과 과잉 성적 성숙을 억제하는 '성선 억제 작용' 성분이 들어 있습니다. 멜라토닌은 아이의 뇌 속에서만 특수하게 분비되는 물질이 아니라 어른의 뇌 속에서도 분비되는 물질이지만 날마다 급격하게 성장하는 아이에게는 특히 중요한 물질입니다.

멜라토닌은 어두운 밤에 푹 자면 더욱 많이 분비되는 성질이 있고 주위가 밝으면 분비가 억제된다는 사실이 밝혀졌습니다. 따라서 밤을 새우거나 밤늦게까지 밝은 방에 있으면 멜라토닌의 분비량이 줄어들어 아이의 성장을 방해합니다.

"멜라토닌은 숙면 상태에서 밤 12시 무렵까지 가장 많이 분비된다고 알려져 있습니다. 이 시간에 숙면을 취하게 하려면 늦어도 저녁 8~9시에는 아이를 재워야 합니다."(NPO법인 일본육아상담자협회, 마스타니 유키노)

아이를 키울 때 저녁 8~9시 무렵에는 아이를 재우는 편이 좋다는 말을 종종 듣는데, 거기에는 멜라토닌의 분비라는 중요한 이유가 숨어 있었습니다.

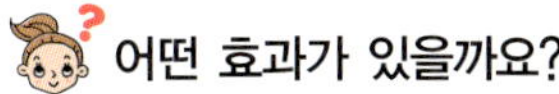 **어떤 효과가 있을까요?**

일정 기간에만 나타나는 '멜라토닌 샤워' 효과

아이의 성장에 꼭 필요하다는 점 외에도 이 시기의 아기를 초저녁에 재워야 하는 또 다른 이유가 있습니다. 그것은 멜라토닌이 평생을 통틀어 12개월에서 36개월 사이에 가장 많이 분비되는 경향이 있다는 것이 최근 연구에서 밝혀졌기 때문입니다. 이 현상을 '멜라토닌 샤워'라고 부릅니다. 아이가 급격하게 성장하는 시기와 겹쳐지는 점만 봐도 멜라토닌이 얼마만큼 발육에 꼭 필요한 물질인지 이해할 수 있습니다.

멜라토닌에 대한 지식이 없는 엄마라도 침실을 어둡게 해서 잠을 재우는 효과를 실감하고 있는 엄마들이 많았습니다.

"아이가 정서적으로 안정이 되었다고 생각해요."(38세, 지바)

"밤에 심하게 칭얼댔는데 아기가 얌전해졌어요. 그리고 혼자서 잠을 잘 수 있게 되었어요."(37세, 가나가와)

"잠을 잘 자게 되고 좀처럼 잔병치레를 하지 않게 되었답니다."(35세, 가나가와)

밤에 어두운 방에서 규칙적으로 잠을 재우는 것이 중요하다는 걸 통감하는 의견이 많았습니다. 그런데 그 효과를 인정하면도 아기를 재우는 데 애를 먹는 엄마도 많은 듯합니다. 계속해서 아기를 재우는 방법에 대해 살펴보겠습니다.

어두운 방에서 아이를 재우기 위한 포인트

- '멜라토닌'은 아기의 성장에 꼭 필요한 물질입니다.
- 늦어도 저녁 8~9시에는 아기를 재웁니다.
- 멜라토닌은 평생 '12개월에서 36개월까지' 가장 많이 분비됩니다.
- 잠들기 전에 '수면 의식'을 습관화시킵니다.
- 아기에게 맞는 '수면의식'을 찾아냅니다.
- 잠자는 방을 확실하게 정해 두는 것이 중요합니다.

 **어떤 방법으로 할까요?**

잠자기 전에 '수면 의식'을 습관화합니다

"방을 어둡게 해놓고 잠을 재우려고 애쓰지만 아이가 좀처럼 잠 들지 못해요…." 이런 고민을 품은 엄마들이 많으리라고 생각합니다. 이럴 때 효과적인 방법이 바로 밤마다 '수면 의식'을 습관화하는 것입니다.

이것은 수면학자가 주목하는 방법으로, 잠이 들기 직전 매번 정해진 행동인 '수면 의식'을 함으로써 아기의 몸이 '이제부터 잔다'라고 판단하여 자연스럽게 잠이 드는 효과를 기대할 수 있습니다.

'수면 의식을 했으니 이제 잠이 들 시간이다'라고 아기의 몸과 마음이 의식하게 되고 그것이 습관으로 자리 잡으면 그 효과는 더욱 높아진다고 합니다.

따라서 각자에게 맞는 수면 의식을 발견하는 것이 중요합니다. 예를 들어 '아기가 누우면 엄마가 반드시 그림책을 읽어준다' '잠을 잘 때에는 어김없이 같은 음악을 틀어놓는다' '잠을 자기 전에 꼭 이를 닦는다' 등의 방법이 있습니다. 그 밖에도 잠을 자는 방을 확실히 정해 두면 '그 방에 누우면 어느새 잠이 든다'는 의식이 생겨서 효과적입니다.

'수면 의식'이라고 해서 뭔가 특별한 일을 할 필요는 없습니다. 잠을 자기 전에 간단히 할 수 있는 일을 '습관화'하는 것이 중요합니다. 여러 가지 방법을 시도해 보고, 아이가 즐거워하고 자발적으로 할 수 있는 수면 의식을 발견하기 바랍니다.

'어두운 방에서 재우기' 효과를 실감한 엄마들의 의견

설문 조사 결과 전체의 약 72.1%의 엄마들이 효과를 실감했습니다. 정해진 시간에 잠을 자는 습관이 몸에 배어서 생활 리듬이 규칙적으로 바뀌었다는 의견이 많았습니다.

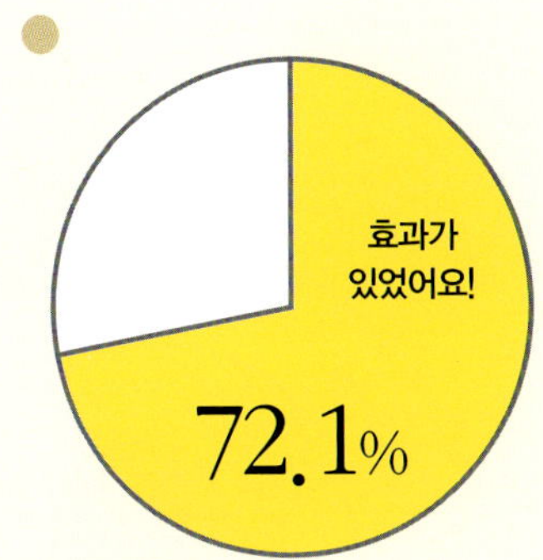

"일찌감치 아기가 아침과 밤을 구별할 줄 알게 되고 밤에 잠을 푹 자게 되었습니다."(32세, 도쿄)

"좀처럼 생활의 리듬을 찾지 못할 때 방에 커튼을 달아 바깥에서 들어오는 빛을 막아주기만 했는데도 아기가 잠을 잘 자게 되었습니다."(31세, 가나가와)

"아기가 잠을 자야 하는 시간과 정해진 장소에서 자는 생활 습관이 생겼어요."(36세, 도쿄)

"방을 어둡게 해서 재우니까 아기가 잠을 푹 자요. 그리고 낮과 밤을 빨리 구별하게 되었어요."(36세, 도쿄)

"야행성이었는데. 생활 리듬이 규칙적으로 바뀌었어요."(34세, 사이타마)

"아기가 잠자는 시간이 언제인지 이해하게 되었어요."(36세, 지비)

"어둡게 하면 아기가 잠을 자는 습관이 생겼어요."(30세, 가나가와)

"낮과 밤의 구별이 분명해지고 생활 리듬이 정확해졌어요."(36세, 가나가와)

"잠을 잘 자요. 쉽게 잠들고 또 쉽게 일어나요."(32세, 도쿄)

"늘 정해진 시간에 잠이 들어서 생활 리듬이 규칙적으로 바뀌었어요."(33세, 지바)

"신생아 무렵에는 밝은 방에서 잠을 재웠는데요. 좀처럼 잠을 이루지 못해서 어두운 방에서 재우기 시작했더니 일찌감치 잠이 들었어요. 지금도 방을 어둡게 하면 아기가 금방 잠이 들어요."(36세, 가나가와)

66.3%
엄마들이 효과를
실감했습니다!

○ · △ · □ 등 '사물의 모양'을 이해하게 합니다

이것은 어떤 육아법일까요?

○ · △ · □ 모양의 장난감으로 '사물의 모양'을 이해하게 합니다

아장아장 걷던 아기가 서서히 자라서 36개월 무렵이 되면 이제 조금씩 '물건을 바라보고 모양을 판단'할 수 있게 됩니다. 이때는 아이의 능력을 좀 더 향상시키고 강화해 가기 위해 간단한 퍼즐과 직소 퍼즐, 두꺼운 종이로 만든 도형 등을 이용해서 '사물의 모양'을 이해시키는 놀이를 시작하는 것이 좋습니다.

서로 같은 모양인지 아닌지를 구분하거나, 혹은 같은 모양만을 모으는 놀이는 '사물을 분류해 가는 기술'의 기본적인 능력을 키울 수 있습니다. 처음에는 ○ · △ · □이란 기본적인 도형을 사용하면 아기도 쉽게 놀 수 있습니다. 그리고 다양한 도형 모양의 스티커를 활용하면 도형에 붙였다 뗐다 할 수 있고 손끝의 예민함을 기르는 데도 도움이 됩니다.

또한 36개월 무렵에는 '사물의 모양' 외에 '색깔의 차이'에 대해서도 인식할 수 있게 됩니다. 빨강, 파랑, 노랑 같은 기본 색깔을 사용한 나무 쌓기 블록이나 스티커 외에도 옷, 책, CD 케이스 등 주변의 색깔을 구분할 수 있는 물건을 교재로 삼아서 아기와 함께 놉니다. 다양한 도형 모양의 장난감을 활용하면 모양과 색깔로 장난감을 분류하는 놀이도 할 수 있습니다.

혼자 잘할 수 있게 되면 동그라미, 삼각형, 사각형 이외에도 다양한 도형을 그려서 함께 놉니다.

어떤 효과가 있을까요?

사물의 모양을 이해할 수 있게 됩니다
스티커를 이용하면 손끝이 더욱 예민해집니다

'사물의 모양을 이해하게 하는' 놀이는 ○·△·□ 같은 도형이 스티커로 되어 있는 것을 이용하면 간단히 할 수 있습니다. 예를 들어 크기가 다른 몇 개의 ○·△·□가 그려 있는 두꺼운 종이를 준비합니다. 엄마는 "같은 모양이 어떤 걸까~? 알겠니~?" 하고 말을 건넨 뒤 아이에게 도형 모양의 스티커를 같은 모양의 도형이 그려진 두꺼운 종이 위에 붙이도록 유도합니다.

이 놀이를 할 수 있게 되면 색깔이 있는 스티커로 색깔과 모양에 따라 각각 분류해서 스티커를 붙이는 놀이에도 도전해 봅니다. 두꺼운 종이에 그려진 도형에 맞춰 스티커를 능숙하게 붙임으로써 아이는 도형의 모양을 이해할 수 있을 뿐만 아니라 동시에 손끝의 예민함도 기를 수 있습니다.

장난감을 이용해서 '사물의 모양을 이해하게 하는 놀이를 했던 엄마들이 그 효과를 실감했다는 의견을 많이 보내왔습니다.

"사물의 모양을 정확히 이해할 수 있게 되었어요. 입체도 바르게 이해해서 초등학교 산수 수업에도 도움이 되는 것 같아요."(34세, 지바)

"모양을 빨리 이해하고, 놀이를 하면서 그 모양을 어떻게 응용하면 좋은지 확실히 생각하게 되었어요."(37세, 가나가와)

사물의 모양을 정확히
이해시키기 위한 포인트

- ○·△·□ 등 도형을 이용합니다.
- 스티커를 이용하면 간단하게 놀 수 있습니다.
- 사물을 분류하는 능력을 익힐 수 있습니다.
- 색깔의 차이에 대해서도 알려줍니다.
- 도형 놀이를 능숙하게 하면 손가락 끝의 예민함을 기를 수 있습니다.
- 도형 놀이를 잘하게 되면 사물의 '크고 작음' '길고 짧음' '무겁고 가벼움' 등을 비교하는 법도 기억하게 합니다.

어떤 방법으로 할까요?

크고 작음, 길고 짧음, 무겁고 가벼움으로 사물을 비교하게 합니다

'사물의 차이를 인식하는' 능력을 기르기 위해 ○·△·□ 같은 도형뿐만 아니라 사물의 '크고 작음' '길고 짧음' '무겁고 가벼움'을 판단하는 훈련을 시킵니다.

예를 들어 크기가 다른 크고 작은 공을 준비해서 아이 앞에 내놓습니다. 그리고 "어느 쪽이 클까?" "작은 건 어느 쪽일까?" 하고 물어서 아이가 답을 선택하게 합니다. 이 과정을 통해 아이가 크거나 혹은 작은 사물을 선택하면 더욱 효과적으로 크기를 인식할 수 있게 됩니다.

'길고 짧음'의 차이는 길이가 다른 색깔 테이프를 사용하여 아이가 이해하기 쉽도록 물어봅니다. 또 '무겁고 가벼움'의 차이는 각각 다른 양의 물이 들어 있는 페트병을 준비해서 알려줍니다. 이같이 도구를 이용, 아기와 함께 놀면서 사물을 이해하는 훈련을 시킵니다.

이때 대답을 강요하거나 공부처럼 느껴지면 아이는 적극적으로 배우려고 하지 않습니다. 즐겁게 놀이를 해야 뇌가 좀 더 자극된다고 합니다. 엄마도 아이와 함께 놀면서 재미있게 훈련을 시키는 것이 중요합니다.

이 훈련으로 '크다' '작다' 등 비교하는 말도 동시에 기억할 수 있으므로 단어 놀이의 하나로서 꼭 실천해 보기 바랍니다.

'사물의 모양을 이해하게 하는' 효과를 실감한 엄마들의 의견

설문 조사 결과 전체의 약 66.3%의 엄마들이 효과를 실감했습니다.
사물의 모양을 기억함으로써 주변 사물에 흥미를 갖게 되었다는 의견이 많았습니다.

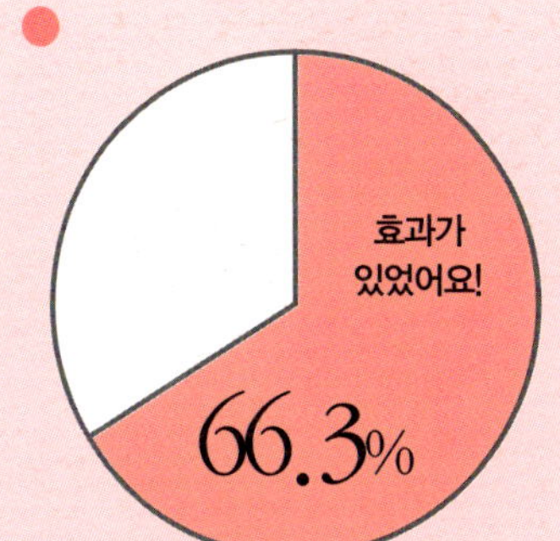

"장난감을 갖고 놀면서 아이가 삼각형과 동그라미 모양을 쉽게 기억하게 되었어요."(36세, 가나가와)

"삼각형을 두 개 합치면 사각형이 만들어진다는 것 등 도형의 조합도 이해할 수 있게 됐습니다."(31세, 가나가와)

"동그라미에 얼굴을 그리거나 삼각형을 여우 얼굴로 만드는 등 응용 훈련을 하고 있어요."(35세, 도쿄)

"도형을 조합해서 여러 가지 모양을 만들 수 있다는 걸 아이가 기억하게 되었습니다."(35세, 지바)

"도형을 이해함으로써 주변의 여러 가지 사물에도 흥미를 갖게 되었어요."(27세, 도쿄)

"'딱딱하다' '둥글다' '아프다' '차갑다' 같은 감각을 기억해요."(35세, 사이타마)

"집중력이 향상되고 손끝이 예민해지자 그림을 잘 그리게 되었어요."(33세, 도쿄)

"같은 모양의 도형을 분류해서 놀아요."(30세, 도쿄)

78.6%
엄마들이 효과를
실감했습니다!

음악에 맞춰 몸을 움직이는 즐거움을 알려줍니다

두 발로 똑바로 서서 걷는 것이 운동의 기초

이것은 어떤 육아법일까요?

두세 살 무렵에 운동의 기초를 가르쳐줍니다

요즘 아이들은 야외에서 놀 기회가 적은 탓인지 초등학교에 들어가서도 매트 운동인 앞구르기나 철봉을 잘 못하는 등 운동에 서투른 아이가 많은 듯합니다. 그 원인 가운데 하나로 36개월까지 운동의 기초를 확실히 가르치지 않았다는 점을 들 수 있습니다.

두 발로 걸을 수 있게 되는 18개월 무렵의 아기는 사람으로서의 기초적인 움직임을 확실히 할 수 있습니다. 몸을 움직이는 방법과 운동 방식을 36개월 정도까지는 착실히 훈련시키는 것이 중요합니다.

이 시기에 훈련시키는 것과 훈련시키지 않는 것은 훗날 운동 능력에 서 커다란 차이를 보인다고 알려져 있기 때문입니다. 자연스럽게 몸을 움직일 수 있을 때까지 기다리는 것이 아니라 '걷는 방법' '달리는 방법'을 포함해서 몸을 움직이는 운동의 기초를 아기에게 확실히 알려주도록 합니다.

설문 조사 결과를 살펴보면 운동에 대한 다양한 육아법 중에서도 특히 '음악에 맞춰 몸을 움직이는' 방식을 지지하는 엄마들이 많았습니다.

"몸을 움직이는 방식이 능숙해졌다고 생각해요."(38세, 가나가와)

"운동 감각이 좋아졌어요."(32세, 도쿄)

이처럼 운동 능력 향상 효과를 실감했다는 의견도 많았습니다.

아이가 좋아하는 음악을 틀어놓고 음악에 맞춰 몸을 자유롭게 움직이도록 격려해 줍니다.

? 어떤 방법으로 할까요?

좋아하는 음악에 맞춰 자유롭게 몸을 움직이게 합니다

18개월에서 24개월 무렵이 되면 아기는 똑바로 걷거나 달리는 일, 그리고 뜀뛰기 같은 동작을 확실히 할 수 있습니다. 이 시기에 접어든 아이의 운동 능력을 향상시키기 위한 다양한 훈련 방식이 고안되어 있습니다. 그 가운데 음악에 맞춰 몸을 움직이는 운동은 적극적으로 실행하면 좋습니다.

집에서 실시할 때는 굳이 매트 등을 준비할 필요도 없고 오디오나 CD 등 쉽게 찾을 수 있는 물건을 활용해서 가벼운 마음으로 시작하는 것이 좋습니다.

아이가 음악에 맞춰 정해진 운동을 따라 하게 하는 방법도 있지만 그저 자유롭게 몸을 움직이기만 해도 효과가 있습니다.

먼저 아이가 좋아하는 음악을 틀어놓고 리듬에 맞춰 손뼉을 쳐주는 것부터 시작합니다. 리듬감을 기르는 것은 운동 능력을 단련시키기 위해 매우 중요한 일입니다. 엄마가 시범을 보이고 리듬에 맞춰 손뼉을 칩니다.

엄마가 즐겁게 손뼉을 쳐주면 아이도 함께 손뼉을 치기 시작합니다. 익숙해지면 음악에 맞춰 몸을 흔들거나 춤을 추면서 아이가 몸을 움직이도록 유도합니다. 마음대로 몸을 움직이고 자유롭게 춤을 추면 아이의 창조력도 향상됩니다.

**음악에 맞춰 몸을
잘 움직이기 위한 포인트**

- 24~36개월 무렵 운동의 기초를 가르쳐줍니다.
- 아이가 좋아하는 음악을 들려주며 춤을 춥니다.
- 리듬에 맞춰 손뼉을 칩니다.
- 음악에 맞춰 자유롭게 몸을 움직이도록 격려해 줍니다.
- 리듬감과 집중력, 표현력을 기르는 효과가 있습니다.
- 엄마도 함께 춤을 추면 아기가 쉽게 춤을 출 수 있습니다.

 **어떤 효과가 있을까요?**

풍부한 표현력과 리듬감을 자연스럽게 기를 수 있습니다

음악을 도입한 육아법으로 '유리드믹스'가 유명합니다. '유리드믹스'는 스위스 음악 교육가가 고안해 낸 방법으로 '음악에 맞춰 몸을 움직이는' 것을 기본으로 하는 음악 교육법입니다. 유치원과 육아교실에서 '유리드믹스'를 도입하는 곳이 늘어나는 추세라고 합니다. 귀로 들은 소리에 몸이 반응함으로써 귀와 뇌와 몸이 하나가 되고 풍부한 표현력과 리듬감을 자연스럽게 익힐 수 있다는 것이 기본 원리입니다. 좀 더 즐겁게 노래하고 춤추고 표현함으로써 집중력과 주의력도 기를 수 있습니다.

'음악에 맞춰 몸을 움직이는 법을 가르칠 때'에는 엄마도 아이와 함께 춤을 추면서 몸을 움직이는 법을 아이에게 보여주면 많은 도움이 됩니다. 즐겁게 말을 건네면서 손과 다리를 움직이는 법은 물론 리듬을 타는 법도 가르쳐줍니다.

설문 조사 결과를 살펴보면 리듬감과 표현력을 향상시키는 효과가 있었다는 엄마들의 의견이 많았습니다.

"거침없이 자유롭게 감정을 표현할 수 있는 아이가 되었습니다."

(30세, 도쿄)

"리듬감이 좋아지니까 덩달아 노래도 좋아하게 되었어요."

(30세, 도쿄)

음악을 도입한 육아법을 높이 평가하는 내용이 눈에 띕니다.

'음악에 맞춰 몸을 움직이게 하는' 효과를 실감한 엄마들의 의견

설문 조사 결과 전체의 약 78.6%의 엄마들이 효과를 실감했습니다. 리듬감과 집중력, 표현력을 기르는 효과가 있었다는 의견이 많았습니다.

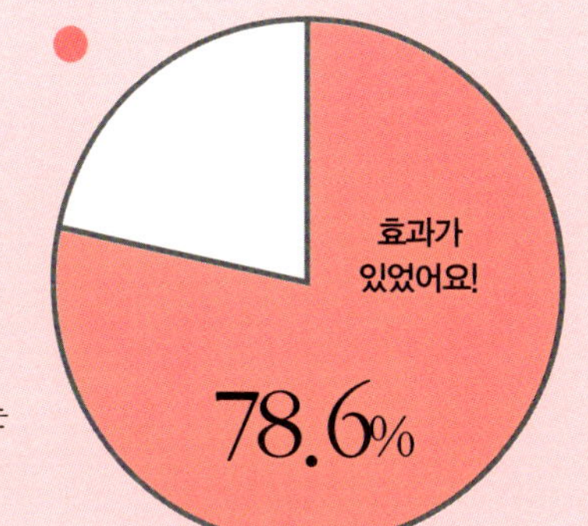

"노래와 춤을 아주 좋아하게 되었어요."(31세, 사이타마)

"신나는 음악을 들으면 자연히 몸을 흔들며 즐거워해요."(35세, 가나가와)

"운동 신경과 리듬감이 좋아진 것 같은 기분이 들어요."(35세, 가나가와)

"신체 능력이 향상된 것 같은 기분이 들어요."(35세, 가나가와)

"다양한 동작을 할 수 있게 되었다고 생각해요."(37세, 가나가와)

"가사와 율동으로 노래를 외우고, 계속해서 다른 노래도 기억하게 되었어요."(32세, 사이타마)

"야외에서 놀지 못하는 날에도 집에서 몸을 움직이며 노니까 운동이 되네요."(38세, 지바)

"무엇보다 아이가 즐거워하고, 노래에 맞춰 몸을 움직인 덕분에 리듬감이 좋아진 듯해요."(32세, 가나가와)

"리듬감이 좋아지고 노래도 좋아하게 되었어요."(30세, 도쿄)

"음악을 좋아하게 되었고 지금은 특기가 피아노랍니다."(38세, 도쿄)

"차츰 소리의 의미를 이해하게 되었고 춤도 잘 추게 되었어요."(29세, 지바)

"리듬감이 생겼다고 생각해요."(32세, 지바)

같은 그림책을 반복해서 읽어줍니다

72.9%
엄마들이 효과를
실감했습니다!

 **이것은 어떤 육아법일까요?**

**눈으로 보여주는 것보다는 귀로 들려줘서
기억하게 합니다**

갓 태어나서부터 두세 살까지, 아기의 뇌는 좌뇌보다 우뇌를 중심으로 활동한다고 합니다. 언어 학습에 대해 살펴보면 이 시기의 아기는 눈으로 보고 기억하는 것보다 귀로 듣고 기억하는 능력이 압도적으로 뛰어납니다. 따라서 태어나서부터 두세 살까지의 아기에게 부모가 적극적으로 말을 건네 단어를 기억하게 하는 것이 중요합니다. '같은 그림책을 반복해서 읽어주는' 방법은 추천하고 싶은 언어 교육법입니다. 아마도 그림책을 읽어주는 엄마는 많을 거라고 생각합니다. 물론 그림책을 읽어주기만 해도 지능 계발과 지식 교육의 효과가 있다고 합니다. 하지만 두뇌 발달을 위해 좀 더 효과적으로 읽어주는 방법은 그다지 잘 알려져 있지 않습니다. 이 방법은 유아 교육으로 유명한 〈시치다 방식〉의 유아 교육에서 주장하고 있는 것입니다. 자세한 내용은 방법 편에서 소개하겠습니다.

같은 그림책을 반복해서 읽어주는 육아법에 대해서는 특히 많은 엄마들이 의견을 보내왔습니다.

"그림책을 좋아해서 정서가 풍부해진 듯한 기분이 들어요. 말을 기억하는 시기도 빨랐다고 생각해요."(33세, 지바)

"아이가 좋아하는 그림책을 통째로 다 외울 정도로 날마다 읽어줬어요. 그림책 덕분에 아이의 어휘력이 향상된 듯합니다."(30세, 도쿄)

실제 그림책 반복 읽어주기 효과를 실감한 엄마들이 많았습니다.

어떤 방법으로 할까요?

그림책을 '완전히 암기'하게 합니다
24개월 전후부터 효과를 실감할 수 있습니다

〈시치다 방식〉의 유아 교육에서 보면 '같은 그림책을 여러 번 반복해서 읽어주는 것'이 중요하다고 합니다. 이 '반복해서'에 중점을 두고 몇 번이나 되풀이해서 읽어주면 아이가 귀로 듣고 기억하는 능력이 향상된다고 합니다. 여러 번 반복해서 읽어주면 그림책 속의 문장을 전부 외우는 '완전 암기' 상태가 되어 기억의 질이 달라지고 나아가서는 두뇌의 질까지 달라진다고 합니다.

〈시치다 방식〉의 유아 교육에서 암기는 중요한 지식 능력의 바탕이며, 완전 암기를 할 수 있는 두뇌 상태가 되면 아기는 기억하는 데 익숙해지고, '기억이 즐겁다', '학습이 즐겁다'라고 느끼는 두뇌로 바뀐다고 주장하고 있습니다.

설문 조사 결과를 살펴보면 이 암기법에 대한 의견이 많았습니다. "말을 할 줄 알게 되고 나서 여러 번 읽어준 그림책 문장을 아기가 줄줄 외워서 말했어요. 아이도 엄마의 말을 귀담아 듣고 있었던 것 같아요."(36세, 도쿄)

"몇 번이나 읽어준 그림책은 두 살이 되기 전까지 아이가 모조리 다 외웠어요. 반복해서 그림책을 읽어준 것이 글자를 기억하는 데 도움이 되었다고 생각해요."(37세, 도쿄)

많은 엄마들이 아이가 '두 살 전후'부터 암기를 할 수 있게 되었다고 실감한 듯합니다.

손가락 끝을 사용하여 스티커를 붙임으로써 손끝의 예민함을 기르고 두뇌를 자극합니다.

안아주거나 곁에 앉아 스킨십을 하면서 읽어줍니다.

그림책을 잘 읽어주기 위한 포인트

- '같은 그림책'을 '여러 번 반복해서' 읽어줍니다.
- 그림책은 완전히 기억할 때까지 읽어줍니다.
- 두 살 전후부터 암기 효과를 실감하는 엄마들이 많았습니다.
- 그림책을 읽어줄 때는 '안아주거나' '곁에 앉아' 스킨십을 하는 것이 중요합니다.
- '스티커 그림책'은 손가락 끝을 사용하기 때문에 손끝의 예민함이 길러지고 두뇌를 효과적으로 자극할 수 있습니다.
- 과장해서 아기를 칭찬해 줍니다.

어떤 효과가 있을까요?

기억력과 상상력이 향상됩니다

뇌 과학 관점에서 볼 때 그림책을 읽어주는 것은 굉장히 효과적이라고 할 수 있습니다. 그 이유 가운데 하나는 그림책을 읽어주면 '눈으로 들어오는 자극'과 '엄마가 내는 목소리의 자극', 두 종류의 자극이 동시에 이루어지기 때문입니다. 또 엄마가 아기를 안아주거나 곁에 앉아서 동화책을 읽어주면 더욱 효과적이라고 합니다.

그리고 그림책을 읽어줄 때는 써 있는 문자를 읽을 뿐만 아니라 "이 강아지는 밥을 먹고 있지?" "이 아이는 나무 쌓기 블록으로 놀고 있네~" 하고 아이에게 '말을 건네는' 것도 상당히 중요합니다. 아이가 자발적으로 그림책을 들여다보게 되면 그것은 그림책을 읽는 게 '즐거운 것'이라고 인식하고 있다는 증거입니다. '자발성'을 유도하는 것은 아이의 성장에 매우 중요합니다.

그 밖에 두뇌 발달을 위한 그림책으로 '스티커 그림책'도 효과적입니다. 손가락 끝을 이용해서 스티커를 붙임으로써 손끝의 예민함을 기를 수 있고 두뇌 자극으로 이어지기 때문입니다.

또한 그림책을 읽어줄 때 아이가 반응을 보이면 과장해서 칭찬해 주도록 합니다. 아이는 칭찬을 받으면 그 기쁨으로 뇌에 쾌감 물질인 도파민이 분비되어 '다음에는 좀 더 잘 해야지!' 하는 의욕을 강하게 갖게 되기 때문입니다.

'반복해서 그림책을 읽어주는' 효과를 실감한 엄마들의 의견

설문 조사 결과 전체의 약 72.9%의 엄마들이 효과를 실감했습니다. 문자를 기억하거나 암기하는 능력이 향상되었다는 의견이 많았습니다.

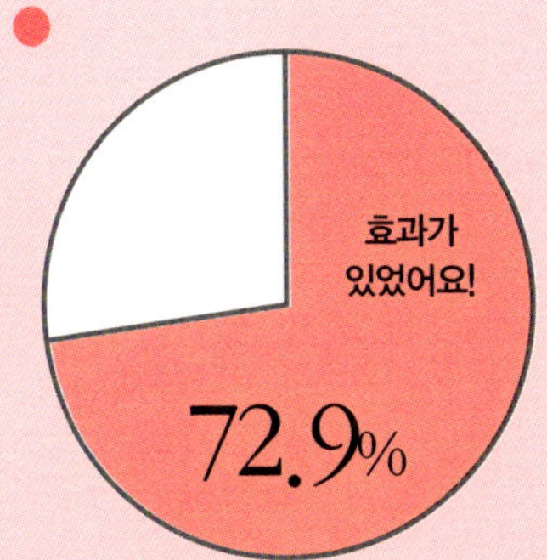

"책이나 문자에 흥미를 갖게 되어서인지 아이가 글자를 빨리 외웠어요."(38세, 지바)

"같은 책을 여러 번 읽어주니까 아이 스스로 문장을 만들어서 기억하게 되었어요. 가르쳐주지 않았는데 글자를 읽을 수 있게 되었답니다."(36세, 도쿄)

"단어를 듣고 사물의 이름을 외우고, 이야기를 확실히 이해하게 되었습니다."(35세, 지바)

"단어를 기억하는 것은 물론 머릿속에서 상상력을 동원해 이야기를 즐기게 되었습니다."(31세, 가나가와)

"갓 태어났을 때부터 그림책을 읽어주었는데 두 살인 지금은 매일 스스로 그림책을 선택해서 저에게 읽어달라고 조르고 있어요."(34세, 도쿄)

"두 살 무렵부터 암기를 할 수 있게 되었어요."(31세, 도쿄)

"30개월부터 동화와 시를 들려주었더니 문자의 인지가 월등하게 발달했어요. 또 초등학교에 들어가기 전에 신문을 읽을 수 있게 되었답니다."(33세, 가나가와)

"단어를 많이 기억하고 다양한 것에 의문을 품게 되었어요. 잠자기 전에 그림책을 읽어주면 읽어주지 않을 때에 비해 쉽게 잠이 듭니다."(35세, 가나가와)

'시장 놀이'를 하며 놀게 합니다

이 무렵의 월령이 되면 상상력이 발달해서 나무 쌓기 블록을 내팽개치고 자동차를 집어 들거나 소꿉놀이를 하는 등 '흉내 내기 놀이'를 할 수 있게 됩니다.

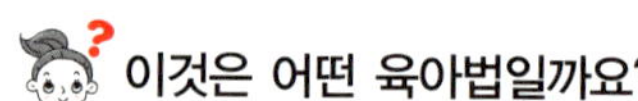 **이것은 어떤 육아법일까요?**

'흉내 내기 놀이'는 복합적인 이해가 필요한 고난도의 놀이입니다

세 살 무렵이 되면 나무 쌓기 블록을 내팽개치고 자동차를 집어 들고 붕붕 달리게 하며 놀거나 인형을 이용해 소꿉놀이를 하는 등 상상력이 발달해 갑니다. 아이가 '혼자 놀기'를 하면서 이런저런 소리를 중얼거린다면 상상력이 확실히 발달하고 있는 증거라고 볼 수 있습니다.

또한 성장해 가면서 아이 혼자 여러 역할을 연기하며 노는 소꿉놀이 등 본격적인 '흉내 내기 놀이'를 할 수 있게 됩니다. 바로 그 전 단계에서 엄마가 주도해서 아이와 함께 '흉내 내기 놀이'를 해봅니다.

이때 추천하는 놀이가 '시장 놀이'입니다. 손님과 점원으로 나누어 돈과 물건을 주고받으며 노는 '시장 놀이'는 아이들에게 인기가 많습니다. 더구나 '흉내 내기 놀이'는 숫자의 개념과 물건의 이름을 기억하거나 다른 사람과의 관계 등을 이해해야 하는 상당히 어려운 놀이이기 때문에 뇌의 발달에 좋은 영향을 준다고 합니다.

또한 시장 놀이를 할 수 있게 되면 흉내 내기 놀이에서 쓰는 다양한 물건을 이용해서 워킹 메모리를 단련시키는 '기억 놀이'로 발전시킬 수 있습니다. '흉내 내기 놀이'를 하면서 아이에게 "이거랑 같은 물건을 가져오렴" 하고 말을 건네서 기억력을 강화시킬 수 있습니다.

* 워킹 메모리… 뭔가를 하기 위해 '일시적'으로 기억해 두는 능력. '작업 기억' '일시적 기억'이라고도 합니다.

어떤 방법으로 할까요?

시장 놀이는 엄마가 주도해서 함께 놉니다

아이와 함께 '시장 놀이'를 하며 놀 때는 엄마가 주도하기 쉽도록 엄마는 점원 역할을 맡는 것이 좋습니다. '돈'은 공깃돌로, '물건'은 장난감 생선과 고기, 채소 모양 장난감 등 일상에서 자주 보는 것을 이용하면 좀 더 현실에 가까운 느낌이 들고 아이들도 즐겁게 놀 수 있습니다. 돈을 주고받는 것은 100~1,000원 정도의 숫자가 적힌 금액을 사용하면 아이가 이해하기 쉽습니다.

먼저 엄마가 "뭐가 갖고 싶어요?" "몇 개가 필요한데요?" 하고 점원 행세를 하며 말을 건넵니다. 돈을 주고받을 때도 "당근을 두 개 샀으니까 200원만 주세요" 하고 말을 건네서 아이가 흥정을 쉽게 할 수 있도록 이끌어주는 것이 좋습니다. 돈이나 물건의 개수 등 아이에게 숫자를 전달할 때는 손가락 몇 개로 표시하면서 말을 건네면 아이가 좀 더 쉽게 이해할 수 있습니다.

설문 조사 결과를 살펴보면 이런 의견이 있었습니다.

"커뮤니케이션 능력이 향상됐고 어휘가 늘어났다고 생각해요."

(36세, 도쿄)

"다른 사람과 벌이는 흥정을 흉내 냄으로써 사회성을 익혔어요."

(36세, 도쿄)

아이의 커뮤니케이션 능력이 향상되었거나 언어의 이해로 이어지는 효과를 보았다는 의견이 많았습니다.

'시장 놀이'를 잘하기 위한 포인트

- '혼자 놀기'를 할 수 있게 되면 다음에는 '시장 놀이'에 도전해 봅니다.
- 사물을 복합적으로 이해하는 능력이 요구되는 어려운 놀이로 아이의 두뇌 발달을 촉진합니다.
- '시장 놀이'를 할 때는 엄마가 가게 점원을 연기하며 아이를 주도합니다.
- 돈은 100~1,000원 정도의 단위를 사용합니다.
- 숫자를 알려줄 때는 말뿐만 아니라 손가락을 써서 아이에게 시각적으로 전달합니다.

"뭐가 없어졌을까~?" 하고 물어보고 없어진 물건을 찾아보게 합니다.

 **어떤 효과가 있을까요?**

장난감을 이용한 '기억 놀이'로 워킹 메모리를 단련시킵니다

'시장 놀이'를 할 수 있게 되면 흉내 내기 놀이에서 쓰는 다양한 물건을 이용해 워킹 메모리를 단련시키는 '기억 놀이'를 해봅니다. 시장 놀이에서 사용하는 음식 장난감, 공깃돌, 접시 중에 같은 물건을 두 개씩 준비합니다. 먼저 하나를 탁자 위에 놓습니다. 예를 들어 채소 장난감을 보여주고 "이것과 똑같은 채소를 이쪽으로 갖고 오렴" 하고 말을 건네고 탁자 위에 있는 것과 같은 물건, 즉 채소 장난감을 골라오게 합니다. 이것이 장난감을 이용한 '기억 놀이'입니다.

또 '물건을 감추는' 방식도 추천합니다. 탁자 위에 작은 물건을 세 개 정도 올려놓은 뒤 아이가 한 번 확인하게 하고 "눈을 좀 감아 볼래?" 하고 말을 건넵니다. 엄마는 아이가 눈을 감고 있는 사이에 작은 물건 하나를 몰래 숨깁니다. 그 뒤 아이에게 눈을 뜨게 하고 "뭐가 없어졌게~?" 하고 물은 뒤 없어진 물건을 아이가 맞히게 하는 놀이입니다.

'기억 놀이'는 단기 기억인 워킹 메모리를 단련시키는 것으로 이어지며 뇌의 발달을 촉진합니다. 아이가 '기억 놀이'를 잘할 수 있게 되었을 때에는 "잘했어~ 굉장하구나~" 하고 적극적으로 칭찬해서 아이에게 성취감과 충실감을 느끼게 합니다.

＊ 워킹 메모리… 뭔가를 하기 위해 '일시적'으로 기억해 두는 능력. '작업 기억' '일시적 기억'이라고도 합니다.

'시장 놀이' 효과를 실감한 엄마들의 의견

설문 조사 결과 전체의 약 67%의 엄마들이 효과를 실감했습니다. 커뮤니케이션 능력과 어휘력이 향상되었으며, 사회성을 익히는 계기가 되었다는 의견이 많았습니다.

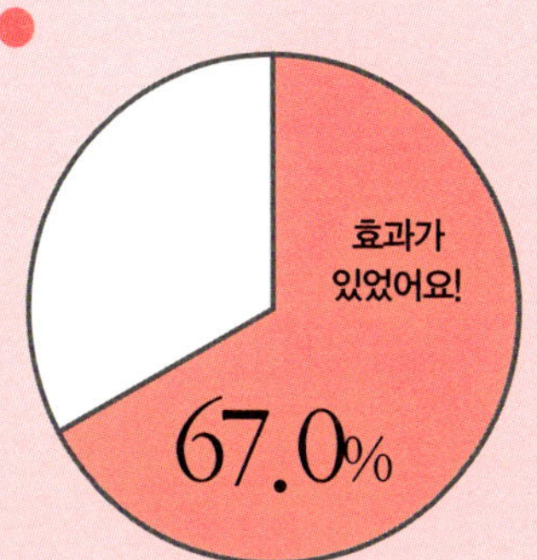

"계산을 잘하게 되었어요." (39세, 사이타마)

"굉장히 좋아하는 놀이랍니다. 아이가 물건을 사러 가는 모습을 생생하게 흉내 내요." (37세, 가나가와)

"사회생활의 한 부분을 학습했다고 생각해요." (30세, 도쿄)

"물건의 이름을 외우고 장보기를 하는 요령을 배웠어요." (24세, 도쿄)

"비슷한 체험을 할 수 있어서 즐거워했어요. 아이가 점원 노릇을 할 때도 즐거워 보였어요." (37세, 사이타마)

"열중해서 놀 수 있게 되었어요." (38세, 가나가와)

"대화 내용이 풍부해졌어요." (36세, 도쿄)

"친근한 생활의 일부를 주제로 삼아서 노니까 아이가 자연스럽게 시장 놀이를 이해하게 되었어요." (39세, 가나가와)

"친구와도 커뮤니케이션을 나누게 되었어요." (36세, 가나가와)

"숫자와 돈에 흥미가 생긴 거 같아요." (38세, 지바)

"감정 표현이 풍부해졌습니다." (35세, 지바)

"실제 상점과 그곳에서 파는 물건, 점원에게 흥미를 품게 되었어요." (36세, 가나가와)

"손님과 점원 역할을 체험할 때마다 상대의 기분을 생각하는 기회가 되었어요." (28세, 도쿄)

"금전 감각과 생활에 도움이 되는 행동을 익혔어요." (38세, 가나가와)

66.2%
엄마들이 효과를
실감했습니다!

'지퍼 열고 잠그기'나 '단추 끼우기' 연습을 시킵니다

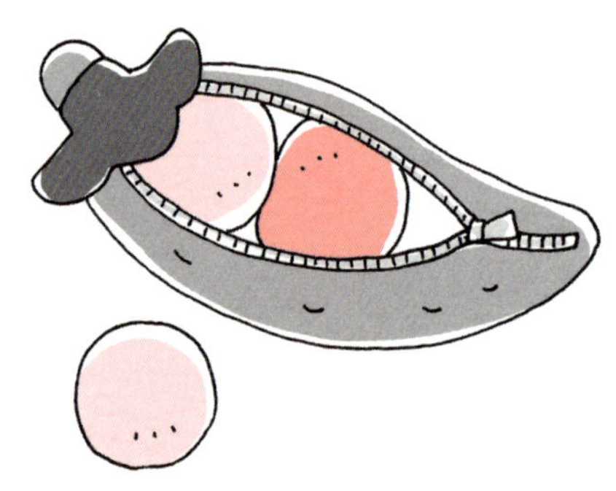

 **이것은 어떤 육아법일까요?**

장난감과 일상의 행동을 통해 손끝의 예민함을 기릅니다

아이가 18개월에서 24개월 무렵이 되면 '잘 쓰는 손'이 확실해집니다. 이때부터는 손끝의 예민함을 기르는 놀이에도 도전해 봅니다. 지퍼와 단추가 달린 인형과 지퍼가 달린 숫자 놀이용 꼬투리 완두 장난감 등 지능 계발과 지식 교육용 장난감을 이용하면 아이의 손끝을 예민하게 길러주는 데 효과적입니다.

"단추 끼우기나 지퍼 열고 잠그기 등을 아이가 스스로 하게 합니다. 엄마가 옷을 입혀주거나 신발을 신겨주는 쪽이 더 편하지만 시간이 걸려도 아이 스스로 하게 하는 것이 중요합니다."(All About 「조기 교육, 유아 교육」 가이드, 우에노 미도리코)

어떤 효과가 있을까요?

스스로 옷을 입고 벗을 수 있게 되었어요

설문 조사 결과를 통해 다양한 사례들을 확인할 수 있었습니다 . 그 중에서도 '단추 끼우기'의 특별한 효과를 실감한 엄마들의 의견 몇 가지를 소개합니다.

"단추 끼우기 놀이를 좋아해서 열심히 따라 하게 도왔더니 유치원에 들어갈 무렵에는 아이 스스로 옷을 갈아입을 수 있게 되었답니다." (36세, 도쿄)

"자발적으로 옷을 갈아입게 되었어요."(37세, 도쿄)

단추 끼우기는 손가락 끝의 예민함을 길러줄 뿐만 아니라 스스로 옷을 입고 벗는 것도 할 수 있게 되었다는 의견이 많았습니다.

단추 끼우기는 손끝의 예민함을 기르는 것과 동시에 자립으로 가는 첫걸음이 되는 중요한 놀이입니다.

'지퍼 열고 잠그기' '단추 끼우기' 를 잘하기 위한 포인트

- '잘 쓰는 손'이 확실해진 다음에 실행합니다.
- 지능 계발과 지식 교육에 쓰는 장난감을 이용하면 효과적입니다.
- 단추 끼우기와 지퍼 열고 잠그기는 일상생활 속에서도 연습할 수 있습니다.
- 단추를 끼울줄 알게 되면 나중에 쉽게 옷을 입고 벗을 수 있습니다.
- 아이에게 성취감과 만족감을 느끼게 하는 것도 중요합니다.

'지퍼 열고 잠그기' '단추 끼우기' 효과를 실감한 엄마들의 의견

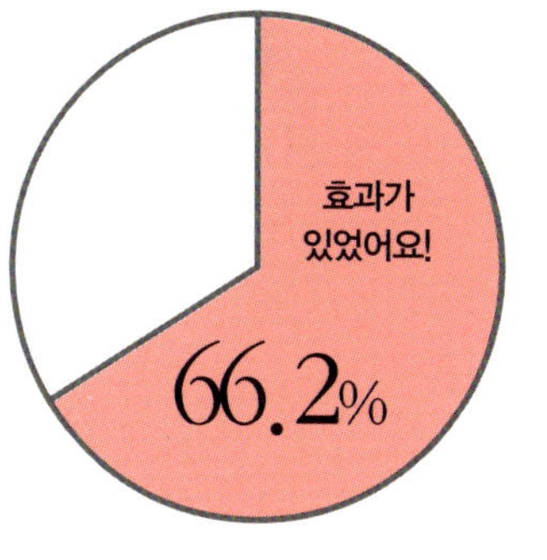

- "옷을 스스로 입고 벗을 수 있게 되었어요." (32세, 도쿄)
- "유치원에 다닌 뒤 옷을 입고 벗는 데 자신감을 가지게 되었어요." (39세, 가나가와)
- "옷을 스스로 갈아입겠다는 의지가 생겼어요." (32세, 가나가와)

어떤 방법으로 할까요?

성취감과 만족감을 느끼게 합니다

지퍼와 단추가 달린 유아용 장난감을 이용해서 아이가 즐거운 마음으로 손끝의 예민함을 기를 수 있는 놀이를 합니다. 손가락 끝이 예민해지면 생활하는 데 굉장히 편리합니다.

특히 단추 끼우기 연습은 평소 혼자서 옷을 입고 벗을 때 아주 중요하기 때문에 적극적으로 하게 합니다. 손목을 비트는 방법과 단추를 끼우는 손가락 끝에 힘을 넣는 정도 등 손끝의 복잡한 움직임을 아이가 기억할 수 있습니다.

아이가 단추를 끼우는 연습을 쉽게 하지 못하는 경우에는 엄마가 자연스럽게 도와주도록 합니다. 다만 엄마가 모두 해주는 것이 아니라 어디까지나 아이 스스로 해야 합니다. 아이에게 "내가 했어!"라는 성취감이나 만족감을 느끼도록 하는 것이 중요합니다.

"아이가 능숙하게 할 수 있게 하려면 먼저 엄마가 시범을 보여줍니다. 단추를 풀고 끼우고, 지퍼를 열고 잠그고, 신발을 신겨주면서 아이가 반드시 그 움직임을 보도록 하는 것이 중요합니다. 아이는 엄마의 행동을 어떻게든 흉내 내려고 기를 씁니다. 따라서 엄마가 여러 가지 동작을 보여줌으로써 그 감각을 아이에게 기억시킬 수 있습니다. 엄마는 '해준다'가 아니라 '함께 한다'는 의식을 갖는 것이 좋습니다." (NPO법인 일본육아상담자협회, 마스타니 유키노)

직소 퍼즐을 갖고 놀게 합니다

61.6%
엄마들이 효과를
실감했습니다!

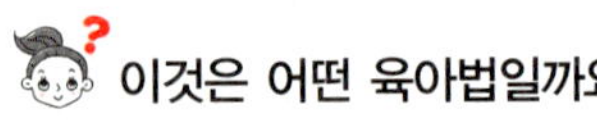 **이것은 어떤 육아법일까요?**

손가락 끝을 쓰는 직소 퍼즐로 놀게 합니다

그림 모양을 유심히 관찰하는 능력과 완성된 모습을 예측하는 힘이 필요한 직소 퍼즐은 손끝의 예민함과 상상력을 기르는 데 매우 좋은 놀이입니다. 이 시기에는 월령에 따라 아이가 비약적으로 성장하게 됩니다. 따라서 퍼즐 조각 개수는 아이의 월령에 맞춰 늘려가야 하지만, 처음에는 세 조각 정도의 간단한 퍼즐부터 시작하는 것이 좋습니다. 36개월 무렵에는 손가락 끝도 충분히 활용할 수 있게 되고, 정도의 차이가 있지만 스스로 다양한 판단도 내릴 수 있기 때문에 복잡한 그림 모양과 여러 개의 퍼즐 조각으로 구성된 직소 퍼즐에 도전하게 합니다.

어떤 효과가 있을까요?

손끝의 예민함과 창조력, 집중력을 길러줍니다

아이와 함께 퍼즐 놀이를 하는 엄마들의 공통된 의견은 아이의 집중력 향상에 확실히 도움이 된다는 것입니다. 산만하던 아이가 꽤 긴 시간 집중하는 모습을 보게 되는 것입니다. 뿐만 아니라 두뇌 자극을 위한 다양한 힘을 길러줍니다.

"직소 퍼즐은 손끝의 예민함을 길러주는 동시에 집중력을 익히기 위해서도 아주 효과적인 놀이라고 생각합니다. 눈으로 바라보고 그림 모양의 구성을 생각하고, 손가락 끝으로 자리를 찾아 맞춰가는 등 복잡한 작업이기 때문에 아이가 다양한 자극을 얻을 수 있는 놀이입니다."(NPO법인 일본육아상담자협회, 마스타니 유키노)

'직소 퍼즐' 놀이를 잘하기 위한 포인트

- 손끝의 예민함과 창조력, 집중력을 기르는 데 효과적인 놀이입니다.
- 월령에 맞춰 좀 더 복잡하고 조각 개수가 많은 퍼즐로 놀게 합니다.
- 아이가 좋아하는 그림이나 캐릭터 퍼즐이라면 더욱 적극적으로 몰두하게 됩니다.

'직소 퍼즐' 효과를 실감한 엄마들의 의견

- "집중력이 높아졌다고 생각해요."(34세, 지바)
- "손끝의 예민함과 인내력을 길렀답니다."(38세, 가나가와)
- "사물의 모양을 파악할 수 있게 되었어요."(25세, 도쿄)

어떤 방법으로 할까요?

단계적으로 좀 더 복잡한 퍼즐에 도전하게 합니다

아이의 월령에 맞춰 좀 더 복잡한 그림 모양이나 조각 개수가 많은 퍼즐을 주어 여러 번 반복해서 맞춰보며 놀게 합니다. 퍼즐을 능숙하게 맞추지 못하는 경우에는 처음에 엄마가 시범을 보여주는 것이 좋습니다. 다른 사람의 행동과 그 의도를 이해하는 데 도움이 된다고 추정되는 뇌 속의 신경 세포인 '거울 뉴런'을 단련시킬 수 있습니다. 또한 아이가 마음에 들어 하는 그림이나 캐릭터의 퍼즐을 준비하면 아이도 적극적으로 놀이에 몰두할 수 있습니다.

"성장이 두드러지는 이 시기에는 능숙하게 맞출 수 있는 퍼즐 조각 수가 아이의 성장 정도에 따라 제각각 다릅니다. 아이가 두 살 무렵에는 퍼즐 놀이에 흥미를 갖기 시작하고, 놀이를 하는 동안에 점차 조각 개수가 많은 복잡한 퍼즐을 맞출 수 있게 됩니다. 서너 살 아이도 처음에는 4~10조각 정도의 간단한 퍼즐부터 시작하게 합니다."

(NPO법인 일본육아상담자협회, 마스타니 유키노)

설문 조사 결과 많은 엄마들이 아래와 같은 의견을 보내왔습니다.

"그림을 완성하는 기쁨을 느끼고 끈기 있게 퍼즐 놀이를 하게 되었어요."(38세, 가나가와)

"아이에게 창조력과 사고력이 생겼어요."(38세, 지바)

"도형을 인지하는 능력이 생기면서 손가락 끝이 한결 예민해졌다고 생각해요."(38세, 지바)

아이에게 다양한 능력이 생겼다는 의견이 많았습니다.

---

* 거울 뉴런… '다른 사람의 흉내'를 내거나 표정으로 '마음'을 읽도록 도와주는 뇌 안의 물질

다양한 악기와 친숙해지게 합니다

58.3%
엄마들이 효과를
실감했습니다!

❓ 이것은 어떤 육아법일까요?

다양한 악기의 소리를 들려줍니다

아기는 갓 태어났을 때부터 주위의 생활 소음과 음악 등 다양한 소리를 듣고 그것을 뇌에 입력해 갑니다.

24개월을 넘길 무렵에는 지금까지 들어왔던 소리가 어떤 소리인지 이해할 수 있게 됩니다. 그 소리에 대해 깊이 이해하도록 엄마는 칸막이나 문 뒤에서 다양한 악기로 소리를 들려주고 아이에게 그 소리가 무엇인지 맞히게 하는 놀이를 해봅니다. 이제까지 들어본 적이 있는 소리라면 아이도 틀림없이 맞힐 수 있을 것입니다.

예를 들어 나팔이나 피리, 탬버린, 작은북처럼 갓 태어났을 무렵부터 열심히 가지고 놀았거나 그 소리를 들었던 익숙한 악기를 활용하는 것이 가장 좋습니다. 그런 다음 점차 '듣는다'라는 청각 능력을 향상시키기 위해 조금 낯설지만, 다양한 소리를 내는 악기를 준비해서 아이가 여러 가지 소리를 체험하게 합니다. 서로 다른 소리를 내는 악기들은 아이의 호기심을 자극하기에 충분합니다.

이처럼 아이가 악기의 소리를 구분해서 들을 줄 알게 되면 그 후 악기의 종류를 늘려가고, 또한 같은 악기라도 소리의 높고 낮음을 구별해서 듣거나 리듬감을 익히도록 도와주는 노력이 필요합니다. 이런 훈련을 함으로써 아이는 점차 '음악'을 듣고 즐길 수 있는 감성을 키워가게 됩니다.

? 어떤 방법으로 할까요?

실제로 악기를 다뤄서 소리 내며 놀게 합니다

다양한 악기로 소리를 들려주는 것과 동시에 실제로 여러 종류의 악기를 아이 스스로 다뤄보게 하고, 악기를 직접 사용해 소리를 내보도록 유도합니다.

먼저 소리를 쉽게 낼 수 있는 작은북과 피리, 나팔, 탬버린(그림 참조) 등을 이용해서 놀게 합니다. '반짝반짝 작은 별' '나리 나리 개나리' 등 리듬이 일정해서 이해하기 쉬운 음악을 틀어주고 아이가 리듬에 맞춰 악기로 소리를 내게 하는 것도 좋은 방법입니다.

또 평소에 마음에 들어 하는 음악 등을 이용하면 아이도 흥미를 느끼고 악기를 갖고 노는 데 몰두할 것입니다. 익숙해지면 이번에는 트라이앵글, 캐스터네츠, 미니 피아노 등 다소 복잡한 동작이 필요한 악기를 아이에게 건네줍니다.

태어나서 처음 만져보는 악기의 경우에는 엄마가 그 악기를 쥐는 방법이나 소리를 내는 방법 등을 시범적으로 보여주는 것이 좋습니다. 트라이앵글이라면 잘 쓰는 손에 트라이앵글을 두드리는 막대기를 쥐게 합니다. 미니 피아노는 한 손이 아니라 양손을 써서 건반을 두드리도록 알려줍니다. 엄마가 먼저 시범을 보이고 아이의 흥미를 끌 수 있는 다양한 방법을 찾아봅니다.

악기를 잘 다루기 위한 포인트

- 안 보이는 곳에서 엄마가 악기로 소리를 내고 아이에게 무슨 소리인지 맞히게 합니다.
- 사용하는 악기는 나팔, 탬버린, 작은북 등 간단하게 소리를 낼 수 있는 악기를 추천합니다.
- 일정한 리듬에 맞춰 아이가 악기로 소리를 낼 수 있도록 연습하게 합니다.
- 익숙해지면 트라이앵글이나 미니 피아노 등 좀 더 다루기 어려운 악기에 도전하게 합니다.
- 엄마가 손뼉을 쳐주고 아이가 그 리듬에 맞춰 악기로 소리를 내는 '리듬 놀이'를 해봅니다.

 **어떤 효과가 있을까요?**

리듬감을 기르고 표현력과 창조성이 향상됩니다

음악의 리듬에 맞춰 아기가 악기로 소리를 낼 수 있게 된 다음에는 엄마가 "짝 짝 짝" 하고 손뼉을 쳐주고 그 리듬에 맞춰 아이가 악기로 소리를 내는 '리듬 놀이'에 도전해 봅니다.

때때로 리듬을 바꾸면서 다양한 간격으로 손뼉을 쳐주고 아이가 바뀐 리듬에 맞춰 악기로 소리를 낼 수 있도록 유도합니다. 이렇게 하면 리듬감을 기를 수 있을 뿐만 아니라 감정이 풍부해지고 표현력과 창조성을 향상시킬 수 있습니다.

설문 조사 결과를 살펴보면 리듬 놀이의 효과를 실감한 엄마들이 참 많았습니다.

"우리 아이는 창의성이 뛰어나다는 말을 곧잘 듣는 편입니다. 아기 때부터 음악에 맞춰 악기를 연주하는 것을 좋아했기 때문에 아이의 창조력이 풍부해진 게 아닌가 생각해요."(33세, 지바)

"아이가 음악을 좋아하길 바랐어요. 그래서 즉흥적으로 악기를 연주하는 모습을 자주 보여줬더니 어느새 리듬감 있는 아이가 되었어요."(38세, 지바)

"지금은 아이가 바이올린과 피아노를 무척 재미있어하며 배우고 있는데요. 아기였을 무렵부터 다루었던 장난감 악기의 영향이 크다고 생각합니다."(36세, 도쿄)

음악에 대한 감성과 리듬감, 음감을 기르는 데 매우 효과가 있다는 의견이 많았습니다.

'악기로 소리를 들려주는' 효과를 실감한 엄마들의 의견

설문 조사 결과 전체의 약 58.3%의 엄마들이 효과를 실감했습니다. 아이의 감정 표현이 풍부해지고 음악적 감각이 향상되었다는 의견이 많았습니다.

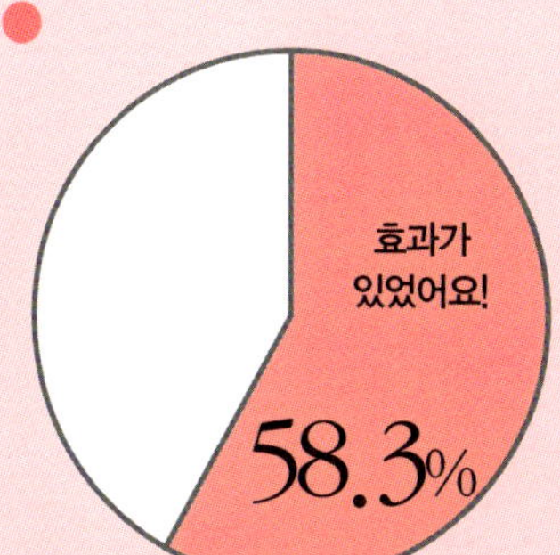

"아이가 건반을 두드리는 게 마음에 들었나 봐요. 지금은 음악을 아주 좋아합니다. 그리고 피아노를 굉장히 잘 치게 되었어요."(36세, 도쿄)

"기분이 안 좋을 때 음악을 들려주면 아이가 즐겁게 놀아요."(36세, 가나가와)

"음악을 들으면 자연스럽게 몸을 움직이고 표정도 싱글벙글, 감정이 풍부해졌다고 생각해요."(33세, 도쿄)

"감성이 풍부해지고 음감이 좋아졌어요."(30세, 도쿄)

"음악에 맞춰 악기를 연주한 결과 아이의 창조력이 풍부해지지 않았나 생각해요."(33세, 지바)

"장난감 피아노를 사용해서 마음 내키는 대로 스스로 작사 작곡까지 하고 있어요."(37세, 사이타마)

"악기를 다뤄서 그런지 감정이 풍부해진 것 같아요."(33세, 도쿄)

"소리를 내는 재미와 연주하는 즐거움을 아는 계기가 되었다고 생각해요."(39세, 도쿄)

55.0%
엄마들이 효과를
실감했습니다!

가위를 사용하는 법을 알려줍니다

다섯 손가락을 복잡하게 움직입니다 → 뇌의 많은 부분이 자극됩니다

 **이것은 어떤 육아법일까요?**

**다섯 손가락을 모두 사용하는 동작을 통해
뇌의 많은 부분이 자극됩니다**

어린아이에게 가위를 사용하게 하는 것은 언뜻 굉장히 위험한 일처럼 생각됩니다. 하지만 지능 계발과 지식 교육이라는 관점에서 보면 가위 사용법은 아주 중요합니다.

이 '가위'를 적극적으로 유아 교육에 도입한 사람이 유아 교실 '엄마와 아기의 옴니파크'를 운영하는 후쿠오카 준코 씨입니다.

"가위는 다섯 손가락을 전부 사용해야 하기 때문에 뇌에 많은 자극을 보내게 됩니다. 얼핏 생각하면 단순한 작업으로 보이지만 선이 그어져 있는 대로 가위로 자르면 아이의 주의력과 집중력이 좋아집니다. 또한 가위를 잘 다룰 줄 알면 성취감이라는 기쁨과 자신도 어엿한 언니, 오빠가 되었다는 만족감과 자기 긍정도 느낄 수 있습니다." ('엄마와 아기의 옴니파크', 후쿠오카 준코)

물론, 집에서 가위질을 연습할 때는 반드시 엄마가 아이 곁에 앉아 살펴보며 순간의 실수로 손을 베지 않도록 주의해야 합니다. 아이들을 위한 종이 전용 가위를 사용하는 것도 좋은 방법입니다. 또한 처음에는 가위를 쥐고 움직이는 방법부터 가르쳐주어야 합니다. 가윗날이 딱 닫힌 상태에서 가윗날이 벌어지지 않도록 손바닥 전체로 가위를 잡습니다. 그다음 엄지손가락을 넣은 손잡이가 위쪽을 향하도록 가위를 쥐는 연습을 시킵니다.

올바른 가위 사용법

☆ **올바른 자세**
의자에 깊숙이 앉아 등줄기를 쭉 펴고 양어깨를 모읍니다.

☆ **가위를 올바르게 쥐는 법**
가위의 한쪽 손잡이에 오른쪽 엄지손가락을 넣고 다른 한쪽 손잡이에 집게손가락과 가운뎃손가락을 넣습니다.
＊나머지 손가락은 손가락의 크기에 따라 손잡이에 넣을지 말지 판단합니다.

☆ **올바르게 자르는 법**
자르는 선을 자신의 정면에 놓고 가위를 똑바로 넣어 최대한 가윗날을 모두 사용해서 자릅니다. 하지만 다 자를 때까지는 '탁' 하고 가윗날을 닫지 않도록 합니다. 가위 끝 등 가윗날의 일부만 움직여서 종이를 자르지 않도록 주의합니다!

어떤 방법으로 할까요?

올바른 가위 사용법은 앉는 자세와 쥐는 법에 달렸습니다

다음은 '올바른 가위 사용법'에 대해 구체적으로 설명하겠습니다. 일단 가위를 '쥐는 법'보다는 '자세'가 더 중요합니다. 아이가 의자에 깊숙이 앉아 등줄기를 쭉 펴고 양어깨를 모은 자세를 취하도록 합니다. 자세를 제대로 취하지 못할 때는 아이의 등뼈를 따라 쭉 어루만져 등줄기를 바로 펴도록 도와줍니다.

이번에는 가위 '쥐는 법'을 살펴보겠습니다. 가위의 한쪽 손잡이에 오른쪽 엄지손가락을 넣습니다. 그리고 다른 한쪽 손잡이에 오른쪽 집게손가락과 가운뎃손가락을 넣습니다. 나머지 손가락은 손가락의 크기에 따라 손잡이에 넣을지 말지 판단합니다.

마지막으로 '자르는 법'을 살펴보겠습니다. 먼저 종이를 왼손에 쥐고 자르는 선을 아이의 몸 쪽을 향해 수직 방향으로 두고 가위를 똑바로 갖다 댑니다.

종이를 자를 때에는 가윗날을 모두 사용해서 자릅니다. 다 자를 때까지 가윗날 앞쪽 부분을 오므리지 않습니다. 다시 말해 탁, 하고 가윗날을 닫지 않는 것이 종이를 잘 자르는 비결입니다. 가윗날을 전부 사용하지 않고 앞쪽만 조금씩 움직이는 방법은 곡선이나 동그라미를 자르는 경우에는 제대로 잘리지 않습니다. 그러므로 직선을 따라 쭉 자르는 첫 단계부터 가윗날을 모두 사용하도록 주의합니다.

'싹둑 자르는' 방법

1 오른쪽 팔꿈치를 몸 쪽에 맞춰 똑바로 댑니다.
2 엄마는 아이의 손을 덮듯이 가위를 들고 가윗날을 벌립니다.
3 싹둑 자릅니다. 가위를 오므릴 때는 아이의 힘에 맡기고, 가위를 벌릴 때는 아이가 알아차리지 못하도록 엄마가 살짝 벌립니다.

가위를 잘 다루기 위한 포인트

- 다섯 손가락을 사용함으로써 두뇌의 많은 부분을 자극할 수 있습니다.
- 성취감과 만족감을 맛볼 수 있습니다.
- 먼저 가위를 '쥐고 움직이는 법'을 정확히 알려줍니다.
- 가위를 다룰 때는 '올바른 자세'부터 알려줍니다.
- 가위를 쥘 때는 손잡이 한쪽에 엄지손가락을 넣고, 다른 한쪽 손잡이에 집게손가락과 가운뎃손가락을 넣습니다.
- 다 자를 때까지 가윗날 앞쪽을 닫지 않도록 주의합니다.
- '싹둑' 잘라서 아이의 의욕을 자극합니다.

 **어떤 효과가 있을까요?**

손끝의 예민함과 자립성을 길러줍니다

유아 교실 '엄마와 아기의 옴니파크'에서는 그 밖에도 가위 사용법을 연습하기 위해 '싹둑 자르기'라는 방식을 아이에게 가르치고 있습니다.

싹둑 자르기란 직사각형 형태의 긴 종이를 준비해서 엄마가 도와주면서 '싹둑 싹둑' 잘라가는 방식을 말합니다. 가위를 날의 마지막까지 종이에 대고 확 닫으면 '싹둑!' 하는 소리가 울립니다. 이 소리와 가위를 오므리는 감촉에 의해 아이는 좋은 기분을 갖게 되고, 종이 자르기에 상당히 흥미를 느끼게 됩니다.

처음에는 엄마가 도와줘야 하지만 점차 오른손의 움직임이나 종이를 쥔 왼손의 동작도 아이 혼자서 할 수 있게 됩니다.

설문 조사 결과 가위를 지능 계발과 지식 교육에 적용한 효과에 대해 다음과 같은 답이 많았습니다.

"아이 스스로 가위를 잘 사용하고 있어요. 그래서 손가락 끝이 굉장히 예민해졌다고 생각해요."(39세, 가나가와)

"아이가 손가락 끝을 잘 사용할 수 있게 되었고 풀칠 놀이, 종이접기, 공작 놀이 등도 잘하고 있어요."(31세, 도쿄)

"가위를 몹시 사용하고 싶어 해요. 종이를 자르는 게 즐거운 듯하고 손가락 끝을 활용하는 걸 좋아한답니다."(37세, 가나가와)

많은 엄마들이 가위를 사용함으로써 손끝의 예민함과 자립성을 기르는 효과가 있다고 실감하는 듯합니다.

'가위 사용법을 알려준' 효과를 실감한 엄마들의 의견

설문 조사 결과 전체의 약 55%의 엄마들이 효과를 실감했습니다. 가위를 잘 다루게 됨으로써 손끝의 예민함을 기를 수 있었다는 의견이 많았습니다.

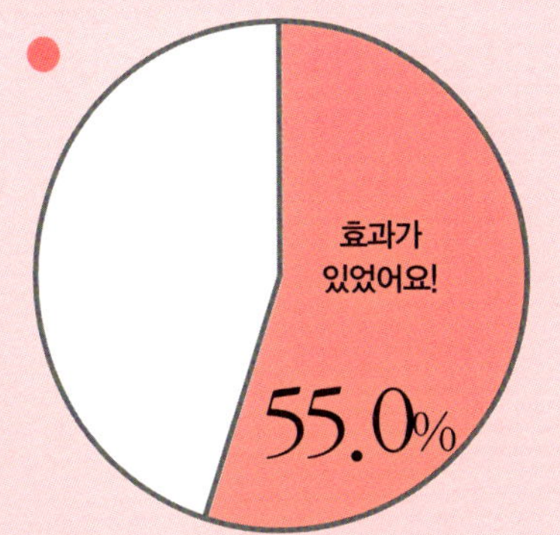

"아이에게 비교적 일찌감치 가위를 사용하게 한 덕분에 유치원에서도 두려워하지 않고 가위를 잘 다루고 있습니다." (38세, 가나가와)

"찢기 놀이로 발전했답니다. 자른 종이로 무언가 모양을 만드는 등 놀이의 폭이 넓어졌습니다." (34세, 지바)

"뭐든 스스로 하려는 마음이 싹텄다고 생각합니다." (27세, 도쿄)

"가위를 사용할 줄 알게 되니까 스스로 만들 수 있는 작품이 많아졌다고 기뻐하고 있어요." (38세, 가나가와)

"손을 가윗날 앞쪽으로 내밀지 않고 가위에 캡을 씌우는 등 도구를 쓰는 규칙이 있다는 걸 알게 된 좋은 기회였어요." (32세, 지바)

"가위 사용법은 물론 가위가 위험하다는 사실도 알려준 덕분에 조심해서 잘 사용하고 있어요." (30세, 사이타마)

"여러 가지 종류의 종이를 자르는 걸 좋아하는 듯해요. 지금은 가위로 자유롭게 종이를 자를 수 있을 뿐 아니라 공작 놀이를 하는 동기가 된 것 같아요." (32세, 가나가와)

"좋아하는 모양을 오릴 수 있고 손가락 끝이 조금 예민해졌어요." (39세, 도쿄)

"손가락 끝을 잘 움직이게 되었습니다." (38세, 도쿄)

"손끝의 예민함과 성취감을 느끼게 되었어요." (38세, 지바)

"유치원 선생님에게 칭찬 받을 정도로 가위를 잘 사용하게 되었어요." (34세, 지바)

54.9%
엄마들이 효과를
실감했습니다!

밀가루를 이용해서 찰흙 놀이를 하게 합니다

다양한 감촉을 체험하게 합니다

감성을 키웁니다

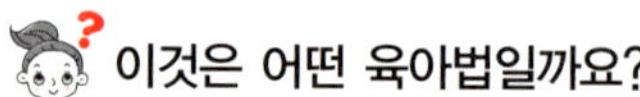 **이것은 어떤 육아법일까요?**

손과 손가락 끝을 사용해서 찰흙 놀이에 익숙해지게 합니다

유아기 때 손과 손가락 끝을 사용해서 여러 가지 감촉 체험을 시도 하는 것은 뇌 발달을 위해 중요합니다. 그러므로 36개월 무렵에는 밀가루를 이용한 찰흙 놀이에 도전하게 합니다. 밀가루를 반죽하고 뜯고 둥글게 하는 등 손과 손가락 끝을 사용하기 때문에 대뇌를 자 극하게 되는 것은 물론 손끝의 예민함도 기를 수 있습니다. 또한 물 건을 만들어봄으로써 감성과 창작력도 향상됩니다.

밖에서 노는 경우에는 모래밭 놀이를 하면서 마찬가지 체험을 할 수 있으므로 이때는 아이를 적극적으로 놀게 하는 편이 좋습니다.

 **어떤 효과가 있을까요?**

손끝의 예민함, 상상력, 감성이 길러집니다

밀가루를 이용한 찰흙 놀이 효과에 대한 설문 조사 결과입니다.

"밀가루 반죽을 가지고 거의 매일 찰흙 놀이를 하기 시작하면서 창 작력이 풍부해졌어요. 자기가 생각한 모양을 창의력 있게 만들 수 있게 되었답니다."(28세, 도쿄)

"무엇보다 산만하던 아이에게 집중력이 생겨서 좋았어요. 또한 스스 로 생각하면서 뭔가를 만들 수 있게 되었어요."(31세, 사이타마)

찰흙 놀이가 창작력을 기르는 데 효과가 있었다는 엄마들의 의견이 많았습니다.

'찰흙 놀이'를 잘하기 위한 포인트

- 밀가루를 이용하면 쉽게 놀 수 있습니다.
- 먼저 '뜯기' '둥글게 만들기' '늘이기'를 가르쳐줍니다.
- 잘하게 되면 사람이나 동물 등 조형물을 만드는 데 도전하게 합니다.
- 잘 만들었을 때는 확실하게 칭찬해 줍니다.

'찰흙 놀이' 효과를 실감한 엄마들의 의견

- "찰흙 놀이를 실컷 함으로써 상상력을 기를 수 있었어요."(38세, 가나가와)
- "스스로 여러 가지 모양을 만들려는 시도를 하게 되었어요."(34세, 지바)
- "손의 감촉이 중요하다고 해서 적극적으로 놀게 했어요."(37세, 도쿄)

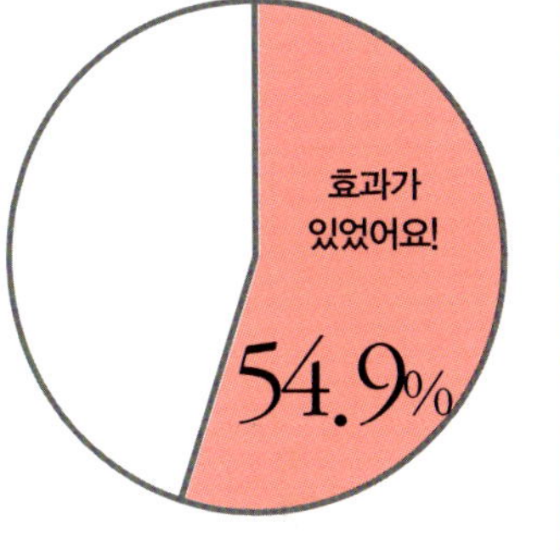

어떤 방법으로 할까요?

처음엔 뜯기, 둥글게 만들기, 늘이기 등의 기본 놀이에 도전하게 합니다

어느 정도 단단하게 반죽한 밀가루를 사용하여, 먼저 적당한 크기로 뜯거나 둥글게 만들거나 늘이는 법을 알려줍니다. 36개월 무렵의 아이는 알려주는 대로 잘 따라 하는 편이지만, 혹시라도 아이가 어려워한다면 먼저 엄마가 시범을 보여줍니다. 늘이기, 뜯기, 둥글게 만들기 같은 기본 놀이를 할 수 있게 되면 일상에서 쓰는 젓가락이나 막대기 등을 이용해서 밀가루 반죽을 끊거나 길게 쭉 늘이는 놀이를 알려주어도 좋습니다.

찰흙 놀이에 대한 흥미가 샘솟아서 아이가 능숙하게 놀 수 있게 되면 이번에는 여러 가지 색깔을 물들인 밀가루 반죽을 이용해서 사람이나 동물 등 구체적인 조형물을 만드는 데 도전하게 합니다.

잘 되지 않을 때는 엄마가 도와주는 등 아이의 창작력을 충분히 이끌어내는 것이 중요합니다.

또한 아이가 스스로 무언가를 만들었을 때는 "굉장하구나~" "잘 만들었다~"는 말로 칭찬하여 아이에게 성취감과 만족감을 느끼게 해줍니다. 그 기쁨으로 뇌 속에서는 쾌감을 기억하는 물질인 도파민이 분비되고 '다음에는 좀 더 잘해야지!' 하고 아이의 마음은 의욕으로 넘쳐날 것입니다.

54.7%
엄마들이 효과를
실감했습니다!

'숫자 놀이'로 물건 세는 법을 알려줍니다

이것은 어떤 육아법일까요?

'숫자'를 셀 수 있게 되면 아이의 세계가 훨씬 넓어집니다

24개월 무렵에는 뇌 안에서도 특히 복잡하게 활동하는 전두엽을 단련시키는 놀이를 하게 하는 것이 좋습니다.

그 효과적인 놀이 가운데 하나가 '숫자 놀이'입니다. '숫자 놀이'는 하나, 둘, 하고 '숫자'를 세거나 물건이 많고 적음을 판단할 수 있게 하는 놀이입니다.

36개월 무렵에는 '하나' '둘' 정도까지의 숫자는 이해할 수 있게 됩니다. 가능하다면 아이가 36개월이 될 때까지 숫자를 '다섯'까지 셀 수 있게 합니다.

이 시기에는 장차 좀 더 높은 지능을 가질 수 있도록 기초를 다져두어야 하기 때문에 아이가 숫자 개념을 이해하고 숫자를 셀 수 있도록 도와줍니다. 숫자를 셀 수 있게 되면 물건을 인지하는 힘이 생기고, 그 덕분에 아이의 세계는 훨씬 넓어집니다.

설문 조사 결과 이런 의견이 있었습니다.

"계산을 무척 잘하게 되었고 48개월 무렵에는 나누기와 곱하기도 자연스럽게 할 수 있게 되었어요."(37세, 가나가와)

"숫자에 흥미를 갖게 되었고 숫자를 기억한 시기도 꽤 빨랐다고 생각합니다."(32세, 지바)

숫자에 대한 이해와 흥미가 생겨난 것을 계기로 자연스럽게 산수에도 관심을 쏟고, 적극적으로 공부에 매달리게 되었다는 의견이 많았습니다.

*전두엽… 창조력, 통찰력, 판단력, 커뮤니케이션 능력을 관장하는 뇌의 영역

같은 모양의 물건을 사용하도록 합니다.
처음에는 3~5개 정도부터 시작하면 좋습니다.

 어떤 방법으로 할까요?

주변의 물건을 이용해서 '숫자'를 '세는' 연습을 합니다

색깔 있는 컵이나 고무공 등 집에 있는 물건 중에서 아이가 가지고 놀기에 적당한 것을 고릅니다. 무엇이든 고르고 나면 같은 모양의 물건을 여러 개 준비합니다. 그러고는 아이에게 하나의 물건을 보이면서 "이거 하나만 더 줄래?" "엄마는 두 개가 필요하단다" 하고 또렷한 목소리로 원하는 숫자를 전달합니다. 엄마의 말을 듣고 아기가 같은 물건을 찾아 건네주도록 유도하는 것입니다.

이때, 물건의 개수는 세 개 정도로 제한하는 편이 아이가 이해하기 쉽습니다. 대신 아이가 이 놀이를 잘할 수 있게 되면 이번에는 엄마가 먼저 아이에게 "몇 개가 갖고 싶니?" "이 물건은 몇 개가 있지?"라고 말을 건네면서 아이가 "하나" "둘" "셋" 하고, 스스로 숫자를 말할 수 있게 유도합니다.

만일 아이가 어려워한다면 처음에는 "이거 하나 가져도 되지~" 하는 등으로 말을 건네고 나서 엄마가 그 물건을 직접 집어옵니다. 이렇게 흥정하는 과정을 여러 번 보여줌으로써 아이는 커뮤니케이션을 익힐 수 있습니다.

'숫자 놀이'는 '숫자'라는 개념과 '세다'라는 행위를 알려주기 위한 놀이이므로 가급적 엄마 쪽에서 적극적으로 "하나" "둘" "셋"이라는 단어를 들려주도록 합니다. 이렇게 반복해서 말을 건네면 아이도 숫자 세는 법을 좀 더 빨리 기억할 수 있습니다.

'숫자 놀이'를 잘하기 위한 포인트

- 숫자 놀이로 '전두엽'을 단련시킬 수 있습니다.
- 36개월까지 숫자를 '다섯' 까지는 셀 수 있게 합니다.
- 주변의 물건을 이용해서 '하나' '둘' '셋' 하고 단어를 가르쳐 줍니다.
- 유리구슬의 개수가 다른 것을 보여주고 '많다' '적다' 를 이해시킵니다.
- 숫자 놀이를 잘하게 되면 '여섯 개를 세 사람에게 나눠준다' 는 등 '나누기' 의 개념도 알려줍니다.

이런 방법에도 도전해 보세요!

물건의 '많다' 와 '적다' 를 이해시키고, 수학적인 사고방식의 기초를 길러줍니다

'하나' '둘' '셋' 등 숫자를 세는 단어를 사용해서 능숙하게 숫자 놀이를 할 수 있게 되면, 이번에는 어느 쪽이 '많다' '적다'를 비교하고 판단하는 놀이에 도전해 보는 것이 좋습니다. 놀이 방법은 간단합니다. 먼저 접시를 두 개 준비합니다. 접시 한쪽에는 3~4개 정도, 다른 한 쪽에는 10개 정도의 유리구슬을 올려놓은 후에 "어느 쪽이 더 많을까~?" "어느 쪽이 더 적을까~?" 하고 물은 다음 아이가 대답하도록 유도합니다.

처음에는 개수의 차이를 크게 해서 아이가 대답하기 쉽도록 합니다. 아이가 잘 대답하면 이번에는 두 접시 안에 있는 유리구슬 개수의 차이를 적게 하여, 아이가 '숫자를 세서 판단하게' 합니다.

"아이가 이런 놀이를 즐기고 또 잘할 수 있게 되면 여기서 발전된 형태로, 이를테면 유리구슬 6개를 세 사람이 나누어 갖게 한다거나 두 사람이 나누어 갖게 하는 등 '나눗셈'을 학습하게 합니다. 또 유리구슬이 아니라 사탕 등 아이가 좋아하는 음식물을 이용해서 '이거 엄마랑 아빠랑 형, 이렇게 세 사람한테 나누어 줄래?' 하고 말하면 아이는 신이 나서 나누어 주려고 할 것입니다."(All About 「조기 교육, 유아 교육」 가이드, 우에노 미도리코)

'숫자 놀이' 효과를 실감한 엄마들의 의견

설문 조사 결과 전체의 약 54.7%의 엄마들이 효과를 실감했습니다. 숫자를 셀 수 있게 됨으로써 숫자 자체와 산수를 좋아하게 되었다는 의견이 많은 점이 특징입니다.

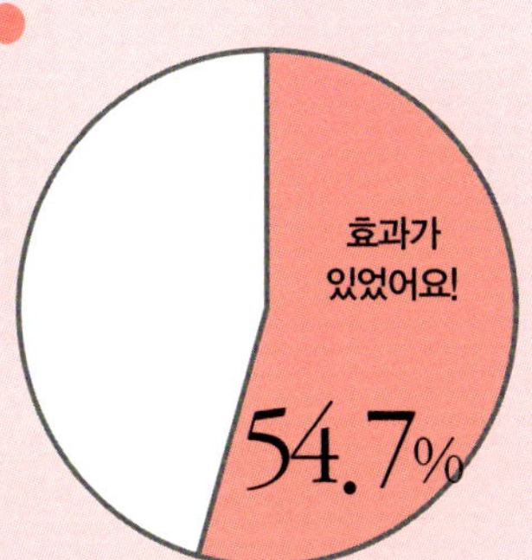

"숫자의 개념을 빨리 이해하게 되었다고 생각합니다."(38세, 지바)

"물건의 숫자를 셀 줄 알아요."(30세, 가나가와)

"스스로 나서서 물건의 숫자를 세게 되었답니다."(34세, 지바)

"숫자 놀이를 하고 났더니 산수를 아주 잘하게 되었어요."(31세, 지바)

"같은 또래의 아이들보다 숫자를 잘 셀 수 있어요."(31세, 도쿄)

"10개월 정도부터 숫자 놀이를 해서 그런지 산수를 좋아해요."(31세, 사이타마)

"자연스럽게 숫자를 알려주었더니 지금은 여러 가지 상황에서 아이가 숫자를 읽거나 세곤 합니다."(38세, 가나가와)

"어느새 숫자를 외웠어요."(25세, 도쿄)

"놀면서 1에서 10까지 셀 수 있게 되었답니다."(38세, 지바)

"숫자의 개념을 이해하기 시작한 계기가 되었습니다."(27세, 도쿄)

"숫자의 개념을 빨리 이해하게 되었어요."(38세, 지바)

"18개월 정도부터 차츰 숫자를 셀 수 있게 되었어요. 아기 스스로 100까지 세고 싶다고 해서 날마다 연습하고 있답니다."(32세, 지바)

아이들의 일상적인 '행동'에 대한 고민 Q&A

아이의 발육과 식사, 지능 계발과 지식 교육 문제 등 아이를 키우는 엄마들의 고민은 도무지 끝이 보이지 않습니다. 여기서는 많은 엄마들이 걱정하는 아이의 일상적인 행동에 관한 고민과 의문에 대한 답을 제시했습니다. 아이를 키우면서 엄마들이 자주 고민하는 문제이므로 꼭 참고하세요.

* 질문에 대한 답은 어디까지나 참고 의견으로만 받아들이세요. 개인차와 아기의 월령에 따라 대처 방식과 효과가 달라지기 때문입니다.

Q 또래와 잘 어울리지 못해요. 아이가 앞으로 친구들과 잘 지낼 수 있을지 걱정이에요.

어린이집에서 친구들이 놀고 있어도 멀리서 멀뚱멀뚱 바라보기만 하고 말을 걸거나 함께 어울려 놀지를 못해요. 뭔가 하고 싶을 때도 스스로 어떤 행동을 하지 못하고 엄마한테 도와달라고 애원합니다. 또 모르는 사람이 말을 걸면 전혀 반응을 보이지 못하고 표정이 딱딱하게 굳어져요. 내년부터 유치원에 다니게 될 텐데 이대로 괜찮을까요?

A 억지로 놀게 해서는 안 됩니다. 자연스럽게 솟는 마음을 소중하게 여기도록 하세요.

걱정스러운 마음은 잘 알겠습니다. 그렇지만 아이가 멀리서나마 친구들의 모습을 지켜보고 있다면 그래도 다행입니다. 친구들이 어떤 식으로 놀고 있는지 관심을 갖고 있는 증거이기 때문입니다. 함께 놀 수 있게 하려면 먼저 엄마가 아이들 사이에 끼어들어 갑니다. 그러면 아이도 나중에 엄마를 따라서 끼어들어 갈 것입니다. 억지로 친구들 사이에 아이를 밀어 넣지 않습니다. '놀고 싶어!' 하고 자발적으로 솟아나는 아이의 마음을 소중하게 여기세요.

Q 친구의 물건을 강제로 빼앗아 종종 싸움이 일어나요.

친구가 갖고 노는 물건을 탐내거나 강제로 빼앗아 종종 싸움이 일어나요. 그때마다 야단도 치고 "친구랑 사이좋게 지내렴" "먼저 친구에게 '빌려줘' 하고 부탁해야지"라고 타이르기도 하지만 아무래도 욕구를 참기 어려운가 봐요. 요령 있게 잘 빌려주고 빌리는 아이도 있던데…. 저의 예절 교육이 잘못된 건가요?

A '소꿉놀이'를 하며 물건을 빌려주고 빌리는 연습을 시켜보세요.

이 나이대의 아이가 '빌려주다' '빌리다'라는 행동을 인식하기란 어렵습니다. 그렇다고 마냥 내버려두면 친구 사이는 더욱 나빠질 것입니다. 그럴 때는 '소꿉놀이'를 통해 평소부터 엄마와 빌려주고 빌리는 연습을 해두면 좋습니다. 뭔가를 원할 때에는 상대에게 반드시 "빌려줘" "좀 줄래" 하고 꼭 부탁해야 한다는 점을 알려줍니다.

Q 욕구를 참을 수 있도록 도와주는 교육 방법이 있을까요?

아이가 이제 말을 조금씩 이해할 수 있게 되었는데 요즘은 욕구가 충족되지 않으면 줄기차게 떼를 써서 상당히 곤란해요. 편의점에서 물건을 보고 있다가 손가락으로 가리키며 갖고 싶어 할 때 선뜻 건네주지 않으면 한바탕 난리가 나요. 제가 아이의 뜻을 무시하면 작정하고 울고불고 떼를 써서 도저히 손을 쓸 수 없을 때가 많아요…. 혹시 욕구를 참을 수 있게 하는 교육 방법은 없나요?

A 울거나 떼를 써도 일관되게 "안 돼" 하고 계속 말하는 것이 중요합니다.

이 시기에는 자아가 싹트기 시작합니다. 감정을 말이 아니라 동작으로 표현하게 되고, 요구를 들어주지 않으면 아이는 마구 화를 냅니다. 욕구를 참을 수 있게 하려면 엄마는 "안 돼" 하고 짧은 말로 단호하게 거절의 뜻을 전달해야 합니다. 아이가 울거나 아무리 떼를 써도 일관되게 "안 돼" 하고 말하는 것이 중요합니다. '가능한 일과 가능하지 않은 일이 있다'는 걸 아이에게 끈기 있게 이해시킵니다.

Q 아기에게 텔레비전과 DVD 등을 자주 보여주면 안 되나요?

"아기에게는 텔레비전 등 영상을 자주 보여주지 않는 것이 좋다"라는 말을 종종 들어요. 그건 텔레비전 프로그램의 내용 때문인가요? 그렇지 않으면 모니터에 비치는 영상이나 음성을 보고 듣는 것 자체가 아이에게 좋지 않은 영향을 끼치기 때문인가요?

A 영상을 마냥 틀어놓고 보여주는 것은 좋지 않습니다. 엄마와 아기가 대화하는 계기를 만들도록 하세요.

한 살 미만인 아기의 경우 보고 있는 텔레비전 프로그램의 내용을 대부분 이해하지 못합니다. 그저 들려오는 소리나 텔레비전 안에서 움직이는 사람의 모습에 흥미를 품는 것뿐입니다. 텔레비전을 보는 경우에는 엄마 아빠가 아기와 함께 나란히 앉아서 아기에게 말을 건네며 커뮤니케이션 가운데 하나로 영상을 이용하도록 합니다. 그 시기에는 텔레비전을 마냥 틀어놓고 보여주는 것은 그다지 바람직하지 않습니다.

Q 아빠는 응석을 받아주기만 하고…. 아이는 야단만 치는 엄마를 싫어할까요?

아빠는 늘 응석을 받아주기만 하는데, 엄마인 저는 야단만 치고 있어 어쩐지 자꾸 아이를 괴롭히는 듯한 느낌이 들기도 해요…. 아들이 10개월인데요. 앞으로 어떻게 교육하는 것이 좋을까요?

A 부부 사이에 아이의 교육에 대해 서로 합의를 해두는 것이 중요합니다.

아기가 10개월 정도라면 아직 엄마를 전폭적으로 신뢰하고 있는 시기입니다. 하지만 앞으로도 계속 엄마는 야단만 치고, 아빠는 응석을 받아주는 등 엄마와 아빠의 의견이 어긋나는 상황이 이어진다면 교육상 바람직하지 않습니다. 아기도 누구의 의견을 따라야 할지 어리둥절하고 상당히 혼란스러울 것입니다. 아이의 교육에 대해서는 부부 사이에 하루빨리 의견을 맞춰두는 것이 중요합니다.

Q 얌전하게 있을 때도 아기를 계속 보살펴주는 것이 좋을까요?

아기가 칭얼거리지 않고 얌전하게 있을 때도 계속 보살펴주는 것이 좋을까요? 그냥 내버려두면 정서에 나쁜 영향을 미칠까 걱정이 되어 아기를 줄곧 돌봐주다 보면 집안일을 할 타이밍을 놓칠 때가 있어요.

A 계속 보살펴줄 필요는 없습니다. 보살펴주기를 바랄 때는 아기가 신호를 보냅니다.

아기가 깨어 있는 동안 계속 보살펴줄 필요는 없습니다. 엄마가 금세 피곤해지기 때문입니다. 아기는 보살펴주기를 바랄 때 소리를 내어 엄마에게 신호를 보냅니다. 시간이 있으면 아기가 깨어 있을 때 충분히 놀아주면 좋겠지만 바쁜 경우에는 아기가 신호를 보낼 때만 보살펴줘도 크게 문제가 없을 것입니다.

Q 말을 듣지 않을 때 그만 손으로 때리고 맙니다….

기저귀를 갈 때, 식사를 할 때 등 무언가를 하려고 하면 아기가 꼭 떼를 써요. 아기가 접시를 던지거나 음식을 던질 때는 안 된다고 생각하면서도 그만 아기를 손으로 때리고 맙니다…. 이대로 가다가는 체벌이 점점 심해질 것 같아 두려운데, 어떻게 하면 좋을까요?

A '성장의 증거'라고 여기고 담담하게 받아들이세요.

18개월에서 36개월까지는 어쨌든 육아를 하는 데 시간과 노력이 필요한 시기입니다. 아기의 그런 반응도 자립한 인간이 되려고 하는 증거라고 여기고 아기의 자기주장을 담담하게 받아들이세요. 아기가 물건을 던지는 것도 관점을 달리 보면 근력을 키우기 위해 필요한 움직임입니다. 집 안에서 곤란하다면 공원에서 공놀이를 하는 등 바깥에서 놀면서 아기의 기운을 발산하게 하는 것도 효과적입니다.

Q 걸핏하면 치고받고 싸움을 벌여요.

남자 형제를 키우고 있는데요. 장난감을 서로 빼앗으려고 하는 등 걸핏하면 치고받고 싸움을 벌여요. 너무 세게 때려서 "때리면 안 돼!" 하고 주의를 주지만 아이들이 말을 듣지 않아서 걱정이에요. 앞으로 유치원을 보낼 생각을 하니 눈앞이 캄캄한데 치고받고 싸우는 버릇을 고치는 방법은 없을까요?

A 싸움을 막을 때는 몸을 꽉 붙잡고 물건으로 때리지 않겠다는 약속을 꼭 받아냅니다.

형제 사이에 치고받고 싸우는 건 일시적인 현상입니다. 가벼운 몸싸움의 경우 구태여 말릴 필요는 없지만 싸움이 거칠어질 때는 서로 때리지 못하도록 몸을 꽉 붙잡고 싸움을 멈추게 합니다. 그리고 나서 싸울 때 절대로 물건을 이용해서 때리지 않겠다는 약속을 꼭 받아냅니다. 서로 물건으로 때리려고 하면 물건을 빼앗아들고 아이가 "앞으로는 안 그럴게요"라고 약속할 때까지 물건을 이용해서 때리는 것이 얼마나 위험한지 차분히 설명해 줍니다.

Q '짜증'이 심해서 몹시 곤란해요.

아이가 아무런 이유도 없이 괜스레 짜증을 부립니다. 지하철을 타거나 길거리를 걸어가다가 느닷없이 소리를 지르며 울어요. 시도 때도 없이 아무 데나 벌렁 드러누워서 발버둥을 칩니다. 아무리 달래주어도 전혀 진정을 하지 못하는데 정신적으로 뭔가 문제가 있는 게 아닐까 불안합니다. 어떻게 대처하는 게 좋을까요?

A 미리 '협조'를 부탁하고 즐겁게 지내도록 연구해 보세요.

'짜증'도 아이에게는 '자기주장' 가운데 하나입니다. 이런 '짜증'은 병이 아니기 때문에 전혀 걱정할 필요가 없습니다. 아이가 얌전히 있기를 바랄 때에는 미리 아이에게 '협조'를 부탁합니다. "지하철 안에서 재미나게 놀자! 장난감을 갖고 가자!"라고 말하며 아이가 좋아하는 물건을 갖고 나서기만 해도 아이의 태도가 싹 달라질 것입니다.

"가르치는 대로 흡수하는 아이 덕분에 열성 엄마가 되었어요!"

A씨(35세 주부, 도쿄 / 남편 35세, 큰딸 5세, 큰아들 28개월)

너무 어릴 때부터 영어 회화 교실에 다니게 하거나 언어와 문자를 적극적으로 기억하게 하면 혹시라도 아이에게 부담이 되지 않을까 싶어 지능 계발과 지식 교육에 전혀 관심을 두지 않았어요. 미래의 치열한 입시 같은 것도 별로 신경 쓰지 않았고, 그저 아이가 무럭무럭 튼튼하게 자라준다면 좋다고 생각했죠. 그래서 큰딸이 세 살이 될 무렵까지는 딱히 아무것도 하지 않았답니다.

그런데 텔레비전 같은 데서 〈구보타 방식〉과 〈요코미네 방식〉이라는 두뇌를 발달시키는 지능 계발과 지식 교육법이 소개되는 걸 보았어요. 그것을 보고 나니까 아무래도 초조해지더군요. '우리 딸보다 나이가 어린데 우리 아이는 하지 못하는 걸 하고 있구나…' 하는 생각이 들었어요. 점점 '이대로 있어도 정말 괜찮을까?' 하는 불안함을 느끼게 되었답니다.

그 무렵에 아는 엄마가 "유리드믹스 교실에 가려고 하는데 함께 가지 않을래요?" 하고 제의를 해왔어요. 아직 둘째 아이가 어려서 고민을 좀 했는데 친구와 같이 하는 거니까 체험만이라도 한번 하게 할까 하고 가봤답니다.

처음에는 부끄러운지 제 뒤로 숨으려고만 하던 딸이 시간이 조금 지나자 익숙해져서는 아주 즐거운 듯 춤을 추게 되었어요. 그다지 운동을 잘하지 못해서 아이가 유리드믹스 교실에서 배우는 내용을 어려워할지 모른다고 생각했는데 완전히 쓸데없는 걱정이었어요. 집으로 돌아가는 길에 우리 딸이 또 가고 싶다고 먼저 말을 꺼냈어요. 딱히 아이가 먼저 나서서 이것이 하고 싶다, 저것이 하고 싶다고 말하는 성격이 아니라서 깜짝 놀랐답니다.

아이에게 부담이 될 거라는 둥, 건강하면 그것으로 됐다는 둥, 결국 제가 지능 계발과 지식 교육을 접하는 게 귀찮다고 느꼈기 때문에 핑계를 댄 것에 불과했어요. 아이를 생각하기보다는 제 생활 방식을 흐트러뜨리고 싶지 않았던 거죠.

지금은 일요일에 영어, 화요일에 그림책 읽어주기, 수요일에는 유리드믹스 등 일요일까지 일정을 빼곡히 짜 놓았어요. 이제 완전히 교육에 열성인 엄마가 되었답니다.

엄마들이 열광하는 화제의 육아법 17

이 책에는 수많은 지능 계발과 지식 교육법 가운데 실제로 아기를 키우는 엄마들이 특히 효과가 있다고 느낀 육아법 30가지가 소개되어 있습니다. 그런데 설문 조사를 해보니 아직 시도해 본 적은 없지만 앞으로 꼭 해보고 싶다는 지능 계발과 지식 교육법도 있었습니다. 지금부터는 아기를 키우는 엄마들이 크게 주목하고 있는 화제의 지능 계발과 지식 교육법을 소개하겠습니다.

1위 핀셋을 이용해서 자그마한 물체를 집습니다

2위 아이 스스로 책을 읽게 하고, 읽은 책은 엄마가 정확히 기록합니다

3위 짜증 내지 않는 아이로 키우는 '세컨드 스텝' 프로그램을 활용합니다

4위 손끝이 예민해지는 '손가락 체조'를 실시합니다

5위 '손과 손가락 훈련'으로 아이의 두뇌를 자극합니다

6위 아기의 지능 지수를 향상시키는 '베이비 토크 프로그램'을 활용합니다

7위 학습 능력을 향상시키는 한자 교육을 실시합니다

8위 갓 태어나자마자 시작하는 2개 국어 교육으로 두뇌를 자극합니다

9위 핑거 페인팅으로 색깔을 이해하게 합니다

10위 '스트룹 효과 테스트'로 두뇌를 자극합니다

11위 '빨대 떨어뜨려 넣기'로 집중력을 향상시킵니다

12위 예절을 익히기 위한 '마법의 이야기'를 활용합니다

13위 '소리 맞히기 놀이'로 소리를 구분하게 합니다

14위 '끈 끼우기' 놀이로 집중력을 높여줍니다

15위 색깔 있는 종을 가지고 놀게 합니다

16위 등받이에 기대지 않고 앉는 훈련을 시킵니다

17위 걷는 근력과 감각을 기르기 위한 '제자리걸음 체조'를 실시합니다

제 1 위

핀셋을 이용해서 자그마한 물체를 집습니다

• 효과

손끝의 예민함과 집중력을 기를 수 있습니다.

• 방법

젓가락을 사용하는 법을 연습할 때 종종 쓰는 방식과 비슷합니다.

핀셋으로 집을 수 있을 만한 크기의 물체를 접시 위에 쭉 올려놓습니다. 아이가 그 물체를 핀셋으로 집어서 하나씩 다른 접시로 옮기도록 유도합니다.

처음에는 조금 큼지막하고 표면이 꺼끌꺼끌해서 집기 쉬운 물체를 준비합니다. 핀셋으로 잘 집을 수 있게 되면 좀 더 자그마하고 집기 어려운 물체로 바꾸어갑니다. 엄마가 한번 시범을 보이고 나서 아이에게 권하면 더욱 즐겁고 빠르게 할 수 있습니다.

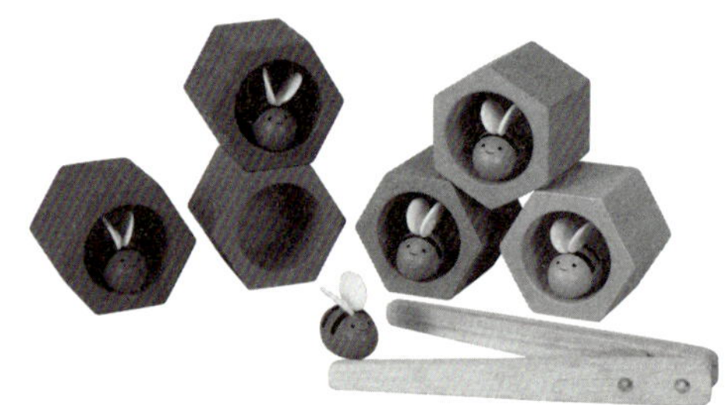

손가락 끝의 힘을 적당하게 조절하는 어려운 움직임이 뇌를 활성화시킵니다

스티커를 붙이고 단추를 끼우는 등 손가락 끝을 자극하는 목적으로 한 지능 계발과 지식 교육법은 여러 가지가 고안되어 있습니다. 그 가운데 '핀셋을 이용해서 자그마한 물체를 집는 것'은 다소 어려운 방법입니다. 핀셋으로 집을 물체가 있는 장소를 아이가 눈으로 확인하고 핀셋으로 정확히 집어야 합니다.

그리고 그대로 떨어뜨리지 않도록 적당히 힘을 조절하면서 핀셋으로 물체를 들어 올려야 합니다. 이때 손가락 끝, 팔, 눈 등 다양한 부분을 함께 움직여야 합니다.

따라서 손끝의 예민함과 집중력을 기를 수 있을 뿐만 아니라 종합적으로 두뇌를 자극할 수 있다고 합니다.

스티커 붙이기 등을 거뜬히 할 수 있게 되면 핀셋을 이용해서 자그마한 물체를 집는 데 도전하게 합니다. 처음에 엄마가 시범을 보여주면 아이가 기억하기 쉽습니다.

시판하고 있는 핀셋은 끝이 가늘어서 아이가 다루기 어려워하므로 지능 계발과 지식 교육 훈련용으로 개발된 핀셋 장난감을 이용해 보는 것도 좋습니다.

제 **2** 위

아이 스스로 책을 읽게 하고,
읽은 책은 엄마가 정확히 기록합니다

• 효과

학습 의욕이 향상되는 것은 물론, 독서를 습관화하고 창조력을 키울 수 있습니다.

• 방법

글자가 적은 그림책도 좋고, 어떤 책이라도 좋으니 아이가 책 한 권을 다 읽으면 날짜와 제목을 기록해 갑니다. 이때 반드시 아이가 보고 있는 곳에서 기록하고 책을 많이 읽은 걸 때때로 칭찬해 줍니다. 형제가 있다면 읽은 책의 숫자를 비교하고 경쟁시켜도 좋습니다. 경쟁심을 적당히 부추기는 것도 아이들의 의욕을 불러일으키는 비결 가운데 하나입니다.

읽은 책의 숫자가 늘어나면 어떤 내용의 책에 아이가 흥미를 느꼈는지, 좋아하는 책의 경향을 아는 실마리가 됩니다.

인정받고 싶다, 칭찬받고 싶다는 아이의 의욕을 자극합니다

〈요코미네 방식〉으로 배우는 아이들은 유치원을 졸업할 때까지 평균 1천5백 권 정도의 책을 읽는다고 합니다. 어떻게 그렇게 많은 책을 읽을 수 있을까요? 그 한 가지 방법이 '스스로 책을 읽고, 읽은 책은 꼼꼼히 기록하는 것' 입니다.

독서는 국어 공부와 창조력을 기르기 위해 널리 권장되고 있습니다. 하지만 〈요코미네 방식〉에서는 '독서' 그 자체에 무게를 두는 것이 아니라 아이들의 의욕을 이끌어내는 것을 중요하게 생각합니다. 아이는 부모와 어른에게 인정받고 싶어 하고 칭찬받고 싶어 하는 마음을 품고 있는데, 그것이 가장 큰 학습의 원동력이 됩니다.

따라서 아이가 읽은 책을 기록하고, 그 숫자가 조금씩 늘어가는 것을 보여줌으로써 아이의 의욕을 자극하도록 합니다.

짜증 내지 않는 아이로 키우는 '세컨드 스텝' 프로그램을 활용합니다

제 **3** 위

• 효과

상대를 배려하는 마음이 커지고 문제 해결력이 향상됩니다. 아울러 분노의 감정을 제어할 수 있습니다.

• 방법

아이의 나이에 따라 가르치는 내용은 조금씩 달라지지만 어떤 상황에 놓인 등장인물의 기분을 상상해 가는 것부터 시작합니다.

그 후 아이들에게 자유롭게 말하게 하고 자신의 의견과 이해관계가 대립하는 상대와 문제를 해결하는 방법을 배워갑니다.

금세 극적인 효과가 나타나는 게 아니기 때문에 일주일에 한 번 30~40분 정도, 총 28회는 지속해야 효과가 있습니다.

다른 사람과 교류하는 법과 분노를 제어하는 방법을 배웁니다

'세컨드 스텝' 프로그램은 늘어나는 청소년 범죄로 고심하는 미국에서 개발된 것입니다. 봉제인형이나 카드를 이용, 자신의 의견과 이해관계가 대립하는 상대와 대화를 해서 상대를 배려하는 마음을 갖게 하고 문제를 해결하는 힘을 기르는 프로그램입니다. 동시에 상대에게 품은 분노의 감정을 어떻게 진정시키고 어떻게 해소하는지, 감정을 제어하는 방법도 배워나갑니다.

미국에는 범죄는 물론 사회적 불만을 표출하는 것을 예방하는 교육 목적 프로그램이 상당히 많습니다. '세컨드 스텝' 프로그램은 그 가운데 가장 효과적인 프로그램으로 교육부 표창을 받았다고 합니다.

'세컨드 스텝'을 배운 아이들은 말과 행동에 공격성이 줄어들고, 좀 더 바람직한 인간관계를 형성하게 되었다는 조사 결과가 있습니다. 반면

'세컨드 스텝'을 배우지 못한 아이들은 성장해 가면서 말과 행동에 공격성을 띠게 되고 사회적 행동에 그다지 발전하는 모습이 보이지 않는 경향이 있다고 합니다.

일본에서는 주로 네 살부터 여덟 살 전후의 아이를 대상으로 하는 수업이 이루어지고 있습니다. 그런 까닭에 갓난아기부터 세 살까지 아이가 '세컨드 스텝' 프로그램을 수강하는 경우는 거의 없지만, 이번 설문 조사 결과에 따르면 마음의 교육법 가운데 하나로 일찌감치 주목하고 있는 엄마들도 많은 듯합니다.

제 **4** 위

손끝이 예민해지는 '손가락 체조'를 실시합니다

• 효과

뇌의 발달을 촉진하고, 손끝이 예민해지고 정서가 안정됩니다.

• 방법

고개를 가누기 전 아기가 '누워 지내는' 시기에는 파악 반사를 이용해서 장난감을 쥐게 합니다.

그 후 기어 다니며 스스로 팔을 이용해 이동할 수 있게 되면 얼굴에 댄 거즈를 손으로 떼어 내게 하거나 손이 닿을 만한 곳에 장난감을 놓아 팔을 움직이도록 유도합니다.

아기가 혼자서 앉아 있을 수 있게 되면 양손을 균형 있게 단련시키기 위해 장난감을 오른손에서 왼손, 왼손에서 오른손으로 바꿔 들게 하거나 잡아당기는 훈련을 시킵니다.

성장 단계에 맞춰 놀면서 할 수 있는 간단한 손끝 훈련을 합니다

보건학 박사이자 다운증후군 치료 교육에 정통한 이케다 유키에 씨가 고안한 손끝이 예민해지는 '손가락 체조'는 태어난 지 얼마 안 되는 무렵부터 하는 체조입니다. 갓 태어난 아기는 가까이 있는 물건을 만지거나 쥐면서 서서히 손과 손가락의 힘, 그리고 움직임을 익혀 갑니다.

아기의 손끝은 그대로 두어도 자연히 발달해 갑니다. 하지만 엄마가 적극적으로 지원해 줌으로써 아이의 성장을 촉진하고 손끝의 예민함을 착실히 키워 갈 수 있습니다.

아기 때부터 손끝 운동을 시켜 뇌에 자극을 주는 지능 계발과 지식 교육법의 효과는 널리 알려져 있습니다. 하지만 그 실천 방법은 다양합니다. 이케다 유키에 씨가 주장하는 손가락 체조는 '아기의 발달에 맞춰서' 하는 것이 핵심입니다.

아기는 태어난 지 얼마 안 되어도 손바닥에 뭔가가 닿으면 무의식적으로 움켜쥐려고 합니다. 이것을 '파악 반사'라고 하는데 인간이 지니고 태어난 원시 반사에 속하는 행동입니다.

아직 스스로 나서서 운동을 할 수 없는 유아라고 해도 누구나 다 자연스럽게 하는 이 원시 반사를 이용해서 갓난아기에게도 손끝 운동을 시킬 수 있습니다.

생후 2~3개월 무렵이 되어 두 손을 조금씩 움직일 수 있게 되면 아기가 손을 뻗었을 때 잡을 수 있는 장소에 장난감을 둡니다. 장난감을 만지면서 놀고 싶다는 마음이 들게 해서 아기가 자연스럽게 손을 움직일 수 있도록 도와줍니다.

그리고 아기가 자라서 혼자 앉을 수 있게 되면 이번에는 들고 있는 장난감을 오른손에서 왼손, 왼손에서 오른손으로 바꿔 쥐게 하거나 엄마와 장난감을 잡아당기는 놀이를 하면서 손의 힘을 단련시킵니다.

손끝이 예민해지는 '손가락 체조'는 놀이와 함께 즐거운 기분으로 실시할 수 있기 때문에 엄마와 아기의 커뮤니케이션 수단으로도 매우 좋습니다. 게다가 딱히 어려운 동작이 필요하지 않으므로 엄마들한테 인기가 높은 것 같습니다. "손가락 체조를 꼭 해보고 싶어요" "이미 손가락 체조를 실천하고 있어요" 하는 엄마들의 의견이 많았습니다.

제 5 위

'손과 손가락 훈련'으로 아이의 두뇌를 자극합니다

일상생활 속에서 운동을 하며 손과 손가락을 효과적으로 훈련합니다

뇌 과학자 구보타 기소우 씨 부부가 주장하는 〈구보타 방식〉은 육아법에 뇌 과학을 도입한 지능 계발과 지식 교육법입니다. 〈구보타 방식〉에서는 손과 손가락을 잘 사용할 수 있게 되면 뇌가 자극을 받아 머리 좋은 아이로 키울 수 있다고 주장합니다.

또한 특별한 도구와 장난감 등을 이용하지 않고 주변에 있는 물건을 활용, 아기와 일상생활 중에서 손과 손가락 훈련을 하는 것이 특징입니다. 예를 들면 비닐 끈을 손가락에 걸고 엄마와 아기가 서로 가볍게 잡아당김으로써 손가락의 움직임과 근력을 기르는 방법이 소개되어 있습니다. 그밖에 아기의 손가락을 피아노 건반 위에 갖다 대고 엄마가 살그머니 힘을 가함으로써 아기의 손가락 근력을 키우는 체조와 목욕탕에서 뜨거운 물을 넣은 욕조를 이용하는 훈련 등도 있습니다. 신생아 무렵에는 손가락이나 막대기를 움켜쥐게 하는 운동을 주로 시키지만 월령이 올라감에 따

라 손가락으로 물체를 집거나 튕기거나 잡아당기는 등 복잡한 운동을 하게 합니다.

손을 능숙하게 움직임으로써 생기는 뇌 속의 신경 회로망은 다른 운동을 배울 때도 활동하며 학습을 도와준다고 합니다.

몸의 성장과 더불어 두뇌도 발달해 갑니다. 그 성장 단계에서 손을 움직이는 방법을 배우면 신경 회로가 활발하게 움직이고 뇌도 더욱 발달한다고 합니다. 그래서 〈구보타 방식〉에서는 손과 손가락 끝을 이용한 훈련을 중요하게 여깁니다. 이것은 독특한 훈련법과 높은 효과로 유명하며, 텔레비전 등에서도 크게 다루고 있기 때문에 엄마들의 주목도가 상당히 높습니다.

· 효과

뇌의 발달이 촉진되고 손끝의 예민함이 향상됩니다.

· 방법

아기의 월령과 발육 상태, 그리고 시도하는 훈련에 따라 방법이 달라집니다.

예를 들어 신생아 무렵에는 손에 닿는 물건을 움켜쥐는 '파악 반사'를 이용합니다. 아기가 장난감이나 손가락 등을 움켜잡음으로써 손끝을 효과적으로 움직이도록 도와줍니다.

하지만 엄마가 아기의 손을 잡고 억지로 쥐게 하거나 펼치는 훈련은 삼가야 합니다. 스킨십을 하면서 다정하게 손을 쥐도록 유도하는 것이 중요합니다.

제 **6** 위

아기의 지능 지수를 향상시키는 '베이비 토크 프로그램'을 활용합니다

**하루 30분 동안 말을 건네기만 해도
아이는 하루가 다르게 달라집니다**

- **효과**

언어 능력이 향상되고 감수성이 풍부해집니다. 엄마와 아기의 관계도 좋아집니다.

- **방법**

텔레비전과 라디오, 음악 등을 시끄럽게 틀어놓지 말고 최대한 조용한 환경을 조성한 가운데 아기에게 하루 30분 동안 두런두런 이야기를 건네는 방법입니다.

생후 3개월이 되면 아기는 다양한 소리를 내게 되는데 그때 엄마가 그 소리를 흉내 내봅니다.

그리고 아기가 성장해서 엄마와 대화를 나눌 수 있게 되면 아이가 이야기한 내용에 엄마가 조금씩 말을 덧붙여 봅니다. 예를 들어 "엄마 시장 가?" 하고 아이가 물으면 "그래. 엄마는 시장 가. 채소를 사올 거야" 하는 방식으로 이야기를 나눕니다.

영국의 언어 치료사 샐리 워드 씨는 말이나 의사소통이 늦은 아이를 둔 부모를 위해 교육 프로그램을 연구하고 개발한 사람입니다. 그녀는 아기가 말을 빨리 기억하게 하고 싶은 부모라면 누구라도 사용할 수 있는 새로운 방식을 고안해 냈습니다. 그것이 곧 '베이비 토크 프로그램'으로 '말을 건네는 육아법'입니다.

여기에서 말하는 '베이비 토크 프로그램'의 가장 큰 특징은 매일매일, 적어도 하루에 30분 동안 엄마와 아기가 일대일로 마주 대하는 행복한 시간을 갖는 것입니다. 조용한 환경 속에서 엄마와 아기가 천천히 대화를 하고 아기가 원하고 좋아하는 놀이를 함께 합니다. 그 시간만큼은 집안일은 싹 잊고 아기와 마주합니다. 아이의 재능을 최대한 이끌어내고 커뮤니케이션 능력을 키울 수 있기 때문입니다.

또한 엄마와 아기가 30분이라는 시간을 집중해서 함께 보냄으로써 아기는 안정감을 느끼고 엄마와 아기의 관계가 좋아진다고 합니다. 엄마와 아기의 신뢰 관계를 쌓는 계기가 되기 때문에 훗날 아이가 사춘기가 되어 일으키기 쉬운 문제를 미연에 방지할 수 있다는 의견도 있습니다.

영국에서는 '베이비 토크 프로그램'이 아이의 마음 안정과 지능 발달에 효과가 있다고 인정을 받아서 최근 엄마들에게 적극 추천하는 육아법이라고 합니다.

이 프로그램에는 날마다 30분 동안 엄마와 아기가 함께 지낸다는 규칙 외에도 '아기에게 안 된다는 말은 절대로 쓰지 않는다' '위험한 행동을 한다고 느껴지면 껴안아주어 위험에서 벗어나게 한다' '텔레비전은 보여줘도 하루 30분 정도' '이것, 저것 같은 지시어를 사용해서 말하지 말고 아기에게는 반드시 사물의 이름을 똑똑히 알려준다'는 것 등이 있습니다.

설문 조사 결과 '하루 30분'이라는 짧은 시간을 사용하고, 적어도 그 시간에는 집중해서 엄마가 아기에게 말을 건넬 수 있다는 특징 때문에 맞벌이를 하느라 눈코 뜰 새 없이 바쁜 엄마들에게 크게 관심을 받고 있는 것으로 나타났습니다.

학습 능력을 향상시키는 한자 교육을 실시합니다

제 7 위

• 효과

말을 빨리 기억하고 집중력이 향상됩니다. 사고력이 넓어지고 학습 능력이 증가합니다.

• 방법

이 교육 방법은 효과적인 한자 교육의 기초가 됩니다. 유아에게 먼저 한자를 읽는 방법을 알려주도록 합니다. 그리고 아이가 한자를 그림으로 기억하게 되면 다음에는 한자를 종이에 쓰게 합니다.
먼저 한자를 읽는 방법을 알려주면 머릿속에서 한자의 모양을 떠올릴 수 있기 때문에 짧은 시간 안에 정확하게 한자를 쓸 수 있게 된다고 합니다.

유아기부터 한자를 가르쳐주어 언어 실력과 사고력을 넓혀 줍니다

교육학 박사인 이시이 이사오 씨가 40년 이상 한자 교육을 실천하고 만들어낸 학습법입니다. '이시이 방식 한자 교육'은 유아기부터 한자를 학습하게 하는 독특한 방침으로 유명합니다.

일본에서는 보통 문자를 아이에게 알려주는 경우 히라가나(일본 문자)부터 시작합니다. 대부분 한자 학습은 초등학교에 입학하고 나서 합니다. 한국의 엄마들이 한글부터 익히게 하는 것과 같은 경우입니다. 하지만 '이시이 방식 한자 교육'에서는 한자가 오히려 히라가나보다 훨씬 외우기 쉽다고 주장합니다.

한자는 언뜻 생각하면 획수도 많고 복잡한 형태를 띠고 있어서 어려워 보입니다. 하지만 생김새가 하나하나 크게 달라서 오히려 한자 쪽이 좀 더 식별하기 쉽다고 합니다. 그래서 실은 한자가 더 외우기 쉽다고 주장하고 있습니다. 또 한자는 사물의 모양에서 문자로 발전된 상형문자에서 비롯된 것도 많고, 의미를 나타내는 내용을 표현해서 만든 문자이기도 합니다. 요컨대 눈으로 이해하는 문자입니다.

따라서 아직 유아라고 해도 그림이나 마크를 기억하듯이 한자도 겉모양으로 배울 수 있다는 것입니다.

구체적으로 어떤 식으로 유아에게 한자를 알려주면 좋을까요? 핵심은 반복 학습과 학습을 습관화시키는 것입니다. 유아에게 학습은 모두 엄마와 아빠 등 다른 사람의 행위를 흉내 내는 것에서 시작합니다. 그러므로 반복하고 또 반복하고 흉내 냄으로써 다소 외우기 어렵지 않을까 하는 한자 학습이라도 아이가 싫증 내지 않고 배울 수 있다고 합니다.

또한 모든 학습의 기초는 말에 있다고 합니다. 우리는 뭔가를 생각할 때 반드시 말을 이용해서 그 생각을 정리해 갑니다. 그리고 숫자와 수식을 이용해서 푸는 산수와 수학의 경우에도 문제는 대부분 말로 쓰여 있습니다. 따라서 '이시이 방식의 한자 교육'을 받고 일찌감치 국어 실력을 닦은 아이는 학습 능력이 압도적으로 뛰어나다고 합니다. 한자와 문자를 유아기부터 이해할 수 있으므로 자연스럽게 책을 많이 읽게 되고, 문장을 이해하는 힘을 길렀기 때문인 듯합니다.

제 **8** 위

갓 태어나자마자 시작하는
2개 국어 교육으로 두뇌를 자극합니다

• 효과

우뇌와 좌뇌가 균형 있게 발달하고, 영어를 습득할 수 있습니다.

• 방법

영어뿐만 아니라 어학을 습득하기 위해서는 최대한 빠른 시기에 시작해야 한다고 합니다. 또한 최대한 빠른 속도로 대량의 단어와 문장을 뇌에 입력하는 것이 중요하다고 주장합니다.

그래서 듣기, 말하기, 읽기, 쓰기 등의 교육을 통해 우뇌에 빠른 속도로 대량의 영어 정보를 입력시켜 갑니다.

빠른 속도로 대량의 영어 단어와 영어 문장을 들려줘서 2개 국어를 할 수 있게 합니다

시치다 마코토 씨의 육아 교육법 〈시치다 방식〉에서는 우뇌와 좌뇌를 균형 있게 발달시키는 것을 목표로 합니다. 그런 〈시치다 방식〉을 영어 학습에 응용한 것이 바로 '시치다 방식 2개 국어 교육'입니다.

사실 일본인들은 영어를 매우 어려워합니다. 그 이유는 듣기와 말하기보다는 문법과 읽기, 쓰기를 중심으로 가르치기 때문이라고 합니다. 물론 이같은 경우는 한국도 크게 다르지 않습니다.

이미 알고 있다시피 영어를 알아들을 수 있으려면 무엇보다 '귀'를 단련시키는 것이 중요합니다. 그런데 영어의 주파수를 알아듣는 능력은 나이가 들어갈수록 오히려 줄어들게 됩니다. 바로 이런 이유 때문에 '시치다 방식 2개 국어 교육'에서는 어린 시절부터 영어를 배워야 한다고 주장합니다. 그리고 최대한 빠른 속도로 대량의 영어 단어와 영어 문장을 뇌에 입력시키는 것이 가장 중요하다고 강조합니다. 이처럼 듣기와 말하기, 읽기, 쓰기, 네 가지 방식을 이용해서 우뇌와 좌뇌를 균형 있게 발달시키는 것이 '시치다 방식의 2개 국어 교육'입니다.

제 **9** 위

핑거 페인팅으로 색깔을 이해하게 합니다

• 효과

손끝을 자극하는 운동이 됩니다. 색채 감각이 풍부해지고 색깔의 차이를 기억하게 됩니다.

• 방법

그림물감과 커다란 도화지를 준비합니다. 그림물감은 수채화용을 준비합니다. 시중에는 피부에 자극이 적은 핑거 페인팅용 그림물감도 판매하고 있으므로 그것을 사용해도 됩니다.

먼저 최대한 여러 가지 색깔의 그림물감을 짜서 손가락 끝에 바르게 합니다. 이때 한 손가락이 아니라 여러 손가락에 바르도록 합니다. 그리고 그림을 그릴 때도 여러 손가락을 이용해서 그리도록 엄마가 곁에서 도와줍니다.

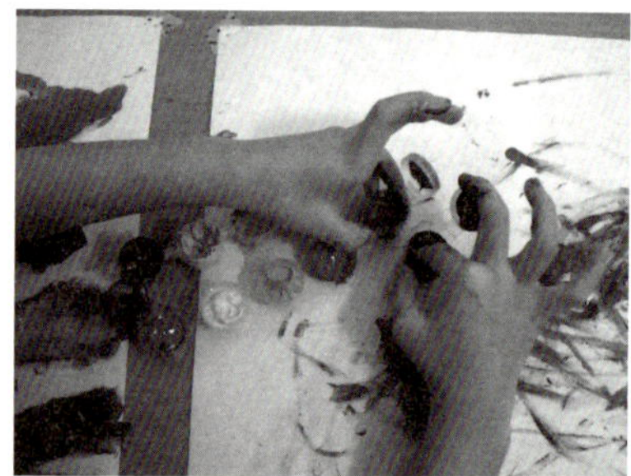

손끝에 자극을 주면서 색깔의 섬세한 변화를 체험하게 합니다

색연필과 크레용을 사용해도 되지만 색깔에 대해 배우기 위해서는 그림물감이 좀 더 효과적입니다. 색깔을 서로 혼합하거나 미묘한 색조와 흐리고 진하기를 만들어 낼 수 있어서 다채로운 색깔을 접할 수 있기 때문입니다. 더구나 손가락에 그림물감을 묻혀 그림을 그리도록 하면 뇌에 자극을 주어 굉장히 효과적입니다. 그것이 이른바 핑거 페인팅입니다.

그림물감을 손가락 끝에 묻혀서 아이가 자유롭게 그림을 그리게 합니다. 최대한 여러 손가락에 다양한 색깔을 묻히는 편이 좋습니다. 아이가 그림을 그리며 노는 사이에 자연히 색깔이 뒤섞이기 때문에 색깔의 차이를 기억하고 색깔의 섬세한 변화를 체험하는 데 도움이 됩니다.

뒷정리를 하는 것이 귀찮아서 핑거 페인팅을 꺼리는 엄마도 많습니다. 그렇다면 피부와 옷에 그림물감이 묻어도 비누로 쉽게 씻어낼 수 있는 핑거 페인팅 전용 그림물감을 구입하도록 합니다. 혹시라도 그림물감을 입에 넣지 않을까 걱정스러운 엄마는 밀가루와 식용 색소를 이용해서 직접 그림물감을 만들어 사용해도 됩니다.

'스트룹 효과 테스트'로 두뇌를 자극합니다

제 **10** 위

• 효과

두뇌를 자극할 수 있고 아이의 색깔 인식 가능 여부를 확인할 수 있습니다.

• 방법

색종이 또는 하얀 종이에 색깔을 칠해서 빨강, 파랑, 노랑의 'ㅇ· △·ㅁ' 카드를 만듭니다. 세 가지 색깔의 카드를 아이 앞에 늘어놓고 질문을 합니다. "빨강 카드를 건네줄래?" "동그라미를 줘볼래?" "빨강 동그라미를 주겠니?" 하는 식으로 지정된 색깔과 모양을 바꿔가며 질문을 함으로써 아이의 두뇌 발달을 촉진합니다.

처음에는 색깔과 모양이 뒤섞여 있기 때문에 아이가 혼란스러워할지도 모르지만 서서히 익숙해지게 됩니다.

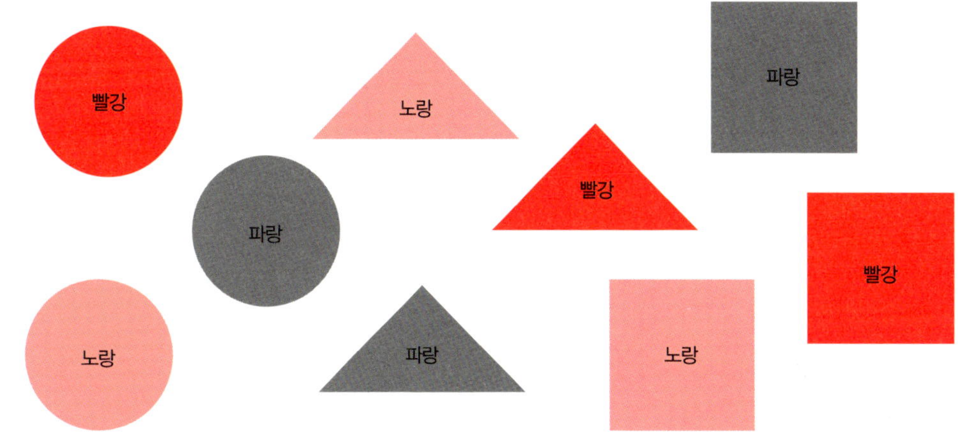

색깔과 모양을 재빨리 판단해서 뇌의 전두엽과 운동 영역을 단련시킵니다

빨강 문자로 '파랑'이라고 쓰여 있거나 파랑 문자로 '빨강'이라고 쓰여 있는 등 '문자의 색깔'과 문자가 의미하는 색깔이 다른 문자를 보여주고 아이에게 문자의 색깔을 대답하게 하는 '스트룹 효과 테스트'라는 것이 있습니다. 문자의 색깔과 문자가 의미하는 색깔이 다르기 때문에 한순간 뇌가 혼란스러워합니다. 이 스트룹 효과 테스트를 응용해서 두뇌를 자극하는 지능 계발과 지식 교육법이 있습니다.

아이가 문자를 읽을 수 없으면 의미가 없으므로 문자를 도형 모양으로 대신합니다. 예를 들어 빨강, 파랑, 노랑 등의 'ㅇ·△·ㅁ' 카드를 준비해서 아이에게 "빨강 카드를 건네줄래?"라고 묻거나 또는 "동그라미를 줘볼래?" "빨강 동그라미를 주겠니?" 하고 묻습니다.

처음에는 색깔과 모양이 서로 복잡하게 뒤섞여 있으므로 아이가 혼란스러워하기 쉽습니다. 하지만 점차 엄마가 부탁하는 색깔과 모양의 카드를 아이가 재빨리 집어들 수 있게 됩니다. 이런 훈련을 함으로써 전두엽과 운동 영역 등을 단련시킬 수 있습니다.

'빨대 떨어뜨려 넣기'로 집중력을 향상시킵니다

제 **11** 위

• 효과

손끝을 자극하는 운동이 되고 집
중력이 향상됩니다.

• 방법

쓰지 않는 플라스틱 용기 등 뚜껑
이 있는 통을 하나 준비합니다. 그
뚜껑에 빨대가 들어갈 정도의 크
기로 구멍을 뚫습니다.

아기에게 빨대를 건네고 그 구멍
에 빨대를 떨어뜨려 넣도록 유도
합니다. 만약에 아기가 노는 법을
알지 못하고 어리둥절한 표정을
짓고 있으면 엄마가 먼저 시범을
보여줍니다.

투명한 용기를 사용하면 떨어뜨
린 빨대가 바깥에서 보이므로 아
기도 관심을 보이며 재밌게 놀 것
입니다.

**눈과 손을 정확하게 함께 움직여
구멍에 빨대를 떨어뜨려 넣습니다**

두뇌 발달을 촉진하는 손끝 훈련법 가운데 하나
로 인기 있는 것이 '빨대 떨어뜨려 넣기'입니다.
먼저 뚜껑이 있는 플라스틱 용기를 준비합니다.
그리고 뚜껑에 빨대가 들어갈 정도의 크기로 구
멍을 뚫습니다. 그 구멍에 빨대를 떨어뜨려 넣는
것이 '빨대 떨어뜨려 넣기' 놀이입니다.

어른이라면 쉽게 할 수 있지만, 아기는 구멍의 위
치를 확인하고 그곳을 겨냥해서 빨대를 이동할

때에 눈과 손을 정확하게 함께 움직이며 해야 합
니다. 또한 구멍이 작기 때문에 집중력이 필요합
니다.

아직 손과 손끝을 마음대로 움직일 수 없는 아기
에게는 손끝을 자극하는 운동이 되고 집중력이
향상되는 효과가 있습니다. 아울러 두뇌 발달을
촉진하는 효과도 있습니다. 빨대의 길이를 바꾸
거나 빨대의 색깔을 바꿔보는 등 빨대에 변화를
주는 방법도 좋습니다. 빨대와 플라스틱 용기 등
주변에 있는 재료로 시작할 수 있는 놀이라는 점
때문에 더욱 인기가 높습니다.

예절을 익히기 위한 '마법의 이야기'를 활용합니다

제 12 위

• 효과
어떤 행동을 하면 엄마가 슬퍼할지 아이 스스로 생각하게 되고, 창조력을 기를 수 있습니다.

• 방법
미리 마법의 이야기를 몇 가지 머릿속에 준비해 둡니다. 도움이 되는 그림책 줄거리 등을 기억하고 그 이야기를 들려줘도 됩니다. 아이가 뭔가 문제를 일으킨다면 거기에 맞는 마법의 이야기를 들려줍니다. 직접 어떻게 하라고 일러줄 필요는 없습니다. 그저 마법의 이야기를 들려주는 것만으로 충분합니다.

아이에게 깨달음을 주고 반성을 촉구하는 마법의 이야기를 소개합니다

아이가 "장난감 사줘!" 하고 마구 떼를 쓸 때, "밥 먹기 싫어!" 하고 심술을 부리며 밥을 먹으려고 하지 않을 때, "안 잘 거야!" 하고 이유 없이 억지를 부릴 때 등 아이가 말을 듣지 않을 때는 어떻게 대처해야 할까요? 아마도 "안 돼!" "그러지 마!" 하고 호되게 꾸짖거나 아이를 살살 타이르는 경우가 많을 것입니다.

그럴 때 덮어놓고 소리를 빽 지르거나 무작정 달래기보다는 엄마가 바라는 아이의 태도와 행동을 이야기에 담아 들려줌으로써, 아이는 바른 행동을 하게 되고 아울러 예의범절까지 배울 수 있습니다. 그것이 '예절을 익히기 위한 마법의 이야기'라는 방법입니다

마법의 이야기라는 것은 아이가 마음속으로 '확실히 엄마가 말하는 대로인지도 몰라. 좀 더 똑바로 잘해야겠어' '이건 해서는 안 되는 짓이야. 이런 짓을 하는 건 이제 그만둬야겠어'라고 생각하게 만드는 교훈이 될 만한 이야기입니다.

예를 들어 허구한 날 싸움만 하는 형제가 있다고 합시다. 그럴 때는 이런 이야기를 들려줍니다. "어느 집에 날이면 날마다, 눈만 뜨면 싸움만 하는 형제가 살고 있었단다. 그 모든 상황을 하늘 위에서 지켜보던 분이 계셨어. 하느님이야. 하느님은 만날 싸움만 하는 형제를 차마 눈 뜨고 볼 수가 없어서 형을 세상의 북쪽 끝, 동생을 남쪽 끝으로 사는 곳을 각각 옮기게 했어. 싸움은 싹 사라졌지만 그 뒤로 형제는 두 번 다시 만나지 못하게 되었단다."

엄마가 아이에게 소리를 지르고 위협하고 달래는 방법과는 다릅니다. 어디까지나 아이들이 자기 자신의 의지로 '내가 잘못했어' '이제 그런 짓은 하지 말아야지' 하고 생각하도록 유도합니다.

아이가 말을 듣지 않으면 초조한 마음이 들기 쉽습니다. 하지만 엄마가 화를 내고 소리를 질러도 왜 화를 내는지 아이가 그 이유를 모르면 금세 같은 잘못을 되풀이할 것입니다. 만약 예절 교육 때문에 특별한 고민을 품고 있는 엄마라면 꼭 한번쯤 '마법의 이야기'를 시도해 보는 것은 어떨까요? 그 효과를 실감하게 될 것입니다.

'소리 맞히기 놀이'로 소리를 구분하게 합니다

제 13 위

- **효과**

소리를 의식적으로 구분하게 되고 집중력이 높아집니다.

- **방법**

작은북과 방울, 나팔, 종 등 소리가 나는 장난감을 준비합니다. 그리고 엄마가 보이지 않는 장소에서 아기에게 그 소리를 들려줍니다. "이건 무슨 소리일까? 알겠니?" 하고 물으면서 아기에게 무슨 소리였는지 맞혀보게 합니다.

만약 집에 소리가 나는 장난감이 없다면 엄마가 강아지나 고양이 등 동물 소리를 흉내 내서 맞히게 해도 좋습니다.

어디서 어떤 소리가 울릴까? 여러 가지 소리를 구분할 수 있습니다

사람은 많은 소리 가운데 특정한 소리만 선택해서 들을 수 있습니다. 그 능력을 향상시키고 두뇌에 자극을 주는 놀이로 '소리 맞히기 놀이'가 있습니다. 먼저 엄마가 작은북과 방울, 나팔 등 소리가 나는 장난감을 준비해서 아기의 눈에 보이지 않는 장소에서 소리를 들려줍니다. 그리고 무슨 소리인지 아기에게 맞히게 합니다.

소리를 들려주기 전에 "이게 무슨 소리일까? 알겠니?" 하고 진지하게 물어보는 것이 좋습니다. 엄마의 진지한 표정을 보고 아기는 그 소리를 집중해서 듣게 됩니다.

또한 소리가 나는 장난감을 아기가 볼 수 없는 장소에 숨겨놓고 "어디서 나는 소리일까?" 하고 물은 후 아기와 함께 찾는 놀이도 효과적입니다.

어떤 소리가 어느 정도 떨어진 장소에서 울리는지 아기가 스스로 판단하려고 하기 때문입니다.

시중에 나와 있는 소리가 나는 나무 쌓기 블록 장난감도 있으므로 그것을 이용해서 놀게 하는 것도 좋습니다.

제 14 위

'끈 끼우기' 놀이로 집중력을 높여줍니다

• 효과

집중력이 향상됩니다. 두뇌를 자극하고 손끝이 예민해집니다.

• 방법

구멍이 뚫려 있는 장난감과 끈을 한 줄 준비합니다. 먼저 엄마가 구멍에 끈을 꿰는 시범을 보여서 아기에게 가르쳐줍니다.

엄마가 끈 끼우기 놀이를 하는 모습을 보고 아기도 흉내를 내기 시작합니다. 아기가 구멍에 끈을 잘 꿸 수 있으면 다소 과장되게 칭찬해 줍니다. 잘할 수 있게 되면 조금씩 구멍이 작은 장난감으로 바꿔서 도전하면 좀 더 효과적으로 두뇌를 발달시킬 수 있습니다.

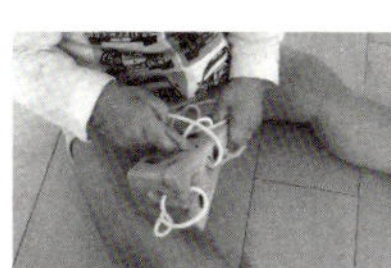

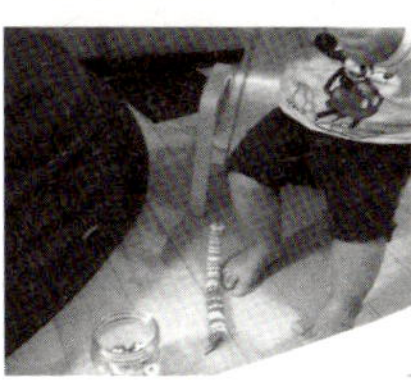

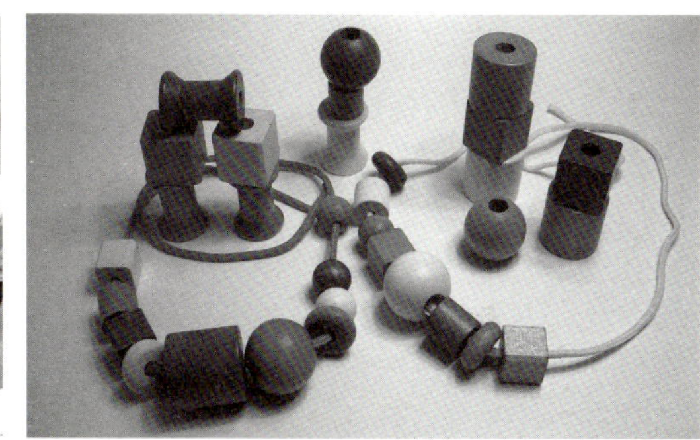

손끝과 두뇌를 모두 동원합니다
구멍에 끈을 끼우는 것으로 뇌를 자극합니다

아직 손과 손끝이 충분히 발달하지 않은 아기에게 '끈 끼우기 놀이'를 하게 하면 두뇌 발달에 상당히 도움이 됩니다. '빨대 떨어뜨려 넣기' 등과 마찬가지로 자그마한 장난감 구멍에 끈을 끼우기 위해서는 아기가 눈으로 구멍의 위치를 파악하고 그 위치에서 손가락과 손을 정확히 움직여야 합니다.

엄마와 아기가 놀면서 장난감 구멍에 끈을 끼우는 훈련을 하면 손끝을 능숙하게 사용할 수 있게 되고 뇌에도 자극이 됩니다. 물론 처음에는 좀처럼 장난감 구멍에 끈을 끼우지 못하기 때문에 조금 답답하게 느껴질 수도 있습니다. 이럴 때는 가능하면 커다란 구멍에 끈을 끼우게 하거나 엄마가 먼저 시범을 보이면 좋습니다. 잘하게 되면 점점 자그마한 구멍에 도전해 봅니다. 해냈다는 기쁨을 느끼면 아이는 시간 가는 줄 모르고 재미있게 놀 것입니다.

끈 끼우기용 장난감도 있고 끈과 종이 등을 이용해서 도구를 스스로 간단하게 만들 수도 있습니다. 가벼운 마음으로 끈 끼우기 놀이에 도전할 수 있다는 점도 엄마들에게 주목을 받는 이유입니다.

제 15 위

색깔 있는 종을 가지고 놀게 합니다

아기에게 말을 건네면서 핸드벨을 울려서 뇌에 자극을 줍니다

*** 효과**

소리를 좀 더 정확하게 구분할 수 있듯이 색깔에 대한 인식이 진행됩니다.

*** 방법**

빨강, 파랑, 노랑 등 다채로운 색깔의 핸드벨 장난감을 준비합니다. 그리고 "○○야, 빨강 핸드벨이야 ~" 하고 아기에게 말을 건네면서 벨을 울려봅니다. 소리에 반응해서 아기도 흥미를 보이게 됩니다. 아기가 엄마 쪽으로 눈길을 돌리면 다시금 색깔을 강조하듯 핸드벨을 손가락으로 가리키며 "빨강 핸드벨이야" 하고 알려줍니다. 핸드벨을 울릴 때 색깔을 자꾸 바꾸면서 놀이를 반복합니다.

딸랑이와 작은북, 핸드벨 등 소리가 나는 유아용 장난감이 많이 나와 있습니다. 그 이유는 아기가 소리에 민감하게 반응하고 소리가 나는 장난감에 굉장히 흥미를 보이기 때문입니다.

이런 아기의 소리에 대한 반응을 이용해서 다양한 지능 계발과 지식 교육법이 고안되었습니다. 엄마의 몸을 통해 소리가 들려오는 뱃속과 공기를 통해 소리가 들려오는 바깥 세계에서는 소리의 전달 방식이나 들리는 방식도 다릅니다.

따라서 아기는 세상에 태어난 뒤에 새롭게 뇌의 신경 회로를 미세하게 조정하고 소리를 다시 이해해 가야 합니다.

그런데 청각은 비교적 빨리 발달하는 기관 가운데 하나라고 할 수 있습니다. 그런 청각을 이용해서 효과적으로 색깔을 기억시키기 위해 고안된 놀이가 '색깔이 있는 핸드벨로 놀기' 입니다.

빨강, 파랑, 노랑 등 다채로운 색깔의 핸드벨 장난감이 판매되고 있는데, 이것을 이용해서 "○○야, 빨강 핸드벨이야~" 하고 핸드벨 색깔을 알려주며 핸드벨을 짤랑짤랑 울립니다. 마찬가지로 다른 색깔 핸드벨도 아기에게 색깔을 말하면서 짤랑짤랑 울립니다.

아이에게 색깔을 식별하고 기억하게 만들고 싶다면 그 색깔을 손가락으로 가리키며 알려주기보다 이 방법을 활용하면 아기의 관심을 쉽게 끌 수 있습니다. 시각과 청각, 두 가지를 활용함으로써 아기는 색깔을 좀 더 잘 인식할 수 있게 됩니다. 이 놀이는 짧은 시간이라도 꾸준히 하는 것이 중요합니다.

핸드벨은 직접 만들 수도 있습니다. 재활용 플라스틱 주스병이나 페트병을 활용하여 조, 수수, 콩, 보리 등 다양한 곡물을 넣고 흔들면, 서로 다른 소리를 낼 수 있습니다. 그다음 빨강, 노랑, 파랑 등의 색을 칠하면 손쉽게 '색깔 있는 핸드벨'이 완성됩니다.

처음에는 엄마가 무엇을 알려주고 싶어 하는지 잘 모르는 듯하다가도 아이들은 반복하는 사이에 차츰 흥미를 보이게 될 것입니다.

엄마들이 보내온 의견을 살펴봐도 아이들은 핸드벨 장난감 놀이에 관심이 많은 듯합니다.

등받이에 기대지 않고 앉는 훈련을 시킵니다

제 **16** 위

스스로 신체 균형을 맞춰서 복근과 등 근육 등 몸 중심의 근력을 키울 수 있습니다

* 효과

집중력이 지속되고 자세가 좋아집니다. 운동 신경 역시 발달합니다.

* 방법

아기가 바닥에 혼자서 앉게 되면 등받이가 없는 의자에도 한번 앉혀 봅니다. 몸의 중심 근력이 충분하지 않은 아기의 경우 뒤쪽으로 넘어져 다칠 위험이 있기 때문에 반드시 엄마가 뒤에서 지탱해 주도록 합니다.

등받이가 있는 의자에 앉히는 경우에도 아기가 등받이에 지나치게 기대지 않도록 하는 편이 좋습니다.

최근 몇 년 동안 운동 부족에 따른 아이들의 체력 저하 문제가 화제에 오르고 있습니다. 유치원 등의 유아 교육기관에 다니는 아이들 중 "똑바로 못 서 있겠어요" "의자에 가만히 못 앉아 있겠어요"라고 말하는 아이들이 늘어났다고 합니다.

그 이유는 몸 중심의 근력, 특히 등 근육의 힘이 약하기 때문이라고 지적하는 의견이 있습니다. 그렇다면 어떻게 해야 어릴 때 등 근육의 힘을 기를 수 있을까요?

만약에 엉금엉금 기어 다니는 월령이라면 최대한 많이 기어 다니게 하는 것도 한 가지 방법이라고 할 수 있습니다. 아기가 엉금엉금 기어 다닐 때에는 두 손으로 몸 전체를 지탱하는데, 이때 복근과 등 근육이 동시에 단련되기 때문입니다.

그리고 '가능하다면 등받이가 없는 의자에 앉게 하는 방법'도 몸 중심의 근력을 단련시킬 수 있어서 효과적입니다. 혼자서 의자에 앉을 수 있는 아기라도 아직 몸이 불안정하기 때문에 한순간에 뒤로 벌렁 넘어질 위험이 있습니다. 그래서 등받이가 있는 의자 쪽이 안심이 되어 거기에 앉게 하는 엄마가 대부분이라고 생각합니다.

물론 식사를 할 때는 등받이가 있는 의자가 좋지만 항상 등받이에 기대어 앉게 되면 자세를 유지하기 위한 복근과 등 근육이 단련되기 어렵습니다. 등받이가 있는 의자에 앉힐 때도 이따금 의자에 살짝 걸터앉게 합니다. 아기가 스스로 균형을 잡으려고 함으로써 생활 속에서 저절로 몸 중심의 근육을 단련시킬 수 있습니다.

다만 아기가 그대로 뒤로 벌렁 넘어지면 위험하므로 등받이가 없는 의자를 사용할 때, 아직 균형을 잘 잡지 못하고 불안정할 때는 엄마가 아기에게 단단히 주의를 주고 곁에서 지켜보는 것이 중요합니다.

아이가 유치원이나 초등학교에 다니게 되면 의자에 앉는 시간도 길어집니다. 따라서 몸 중심의 근력이 약해지면 집중력을 오랫동안 발휘할 수 없고 그 때문에 학습 능력 저하로 이어질 가능성이 있습니다. 그러므로 빠른 시일 내에 아이의 몸 중심 근력을 단련시키는 것이 중요합니다.

제 17 위

걷는 근력과 감각을 기르기 위한 '제자리걸음 체조'를 실시합니다

*** 효과**

운동 신경이 향상되고 자세가 개선됩니다.

*** 방법**

먼저 아기가 탁자나 손잡이를 붙잡고 일어나게 합니다. 그리고 나서 엄마는 아기의 발등을 손으로 지그시 누릅니다. 이때 마룻바닥에 아기의 발바닥이 전부 닿도록 합니다. 아기의 발바닥이 마룻바닥에 정확히 닿은 것을 확인하면 엄마는 아기의 발등에 얹은 손을 뗍니다. 누르고 있던 손이 치워지면 아기는 발을 들어 올리려고 할 것입니다. 이때 엄지발가락 아랫부분이 확실히 마룻바닥에 닿았는지 확인합니다. 이런 운동을 반복함으로써 아기는 바르게 걷는 방법을 익힐 수 있습니다.

발등을 손으로 지그시 누름으로써 발바닥의 감각을 기릅니다

물건을 붙잡고 일어날 수 있게 되면 '제자리걸음 체조'를 시도합니다. 생후 10개월에서 12개월 정도가 되면 아기는 엉금엉금 기어 다니다가 물건을 붙잡고 일어나게 됩니다. 아기는 그냥 두어도 엄마 흉내를 내다가 자연스럽게 걸을 수 있게 되지만, 바르게 걷는 방법을 알려주는 것이 뇌의 발달에는 효과적이라고 합니다.

똑바로 걸을 수 있게 하려면 발바닥이 확실히 마룻바닥에 닿도록 걷는 훈련을 해야 합니다. 아기는 누군가에게 바르게 걷는 방법을 배우는 것이 아닙니다. 다른 사람이 걷는 모습을 보고 흉내 내다가 저절로 걷게 됩니다. 하지만 잘못하면 아기가 걷기 쉬운 방식으로만 걷거나 제멋대로 걷기 쉽습니다. 그렇게 되면 체중 이동이 바르지 못한 잘못된 걸음걸이를 배울 가능성이 있습니다. 체중 이동을 잘 하지 못하고 잘못된 방식으로 걷다 보면 아기의 자세가 나빠지고 균형 감각까지 떨어지기 쉽습니다. 그래서 걷기 시작하는 단계에서 '제자리걸음 체조'를 연습해서 발바닥의 감각을 바르게 익히게 하는 것이 매우 중요합니다.

'제자리걸음 체조'의 방법은 먼저 아기가 탁자나 손잡이를 붙잡고 일어나게 하는 것입니다. 그러고 나서 아기의 발등을 엄마가 손으로 지그시 누릅니다. 발등이 눌리면 아기는 발을 들어 올릴 수 없게 됩니다. 이때 마룻바닥에 아기의 발바닥이 모두 닿게 합니다.

아기의 발바닥이 모두 마룻바닥에 닿은 것을 확인하면 엄마는 아기의 발등에 얹은 손을 뗍니다. 누르고 있던 손이 치워지면 아기는 발을 들어 올리려고 할 것입니다. 이때 엄지발가락 아랫부분이 확실히 마룻바닥에 닿았는지가 중요합니다. 엄마는 곁에서 아기가 '제자리걸음 체조'를 잘하고 있는지 관찰합니다.

'제자리걸음 체조'를 시켜 본 엄마들이 이런 의견을 보내주기도 했습니다.

"달리는 시기가 빨라지고 운동 신경이 발달한 것 같아요."

"우리 아이가 이상하게 걷는 건 '제자리걸음 체조'를 하지 않았기 때문인지도 몰라요."

"하루하루 성장하며 기대감을 주는 우리 아이, 엄마보다 훌륭한 어른이 될 거예요!"

K씨(30세 주부, 사이타마 / 남편 32세, 큰아들 4세, 작은아들 3세)

저는 대학을 다니지 않았어요. 아이가 생기기 전에 저는 지능 계발과 지식 교육 같은 건 하지 않을 거라고 생각했어요. 그런데 마침 임신했을 무렵에 텔레비전에서 "재능은 누구에게나 있습니다. 그 재능을 향상시키느냐 향상시키지 않느냐가 문제일 뿐입니다" 하고 유명인이 말하는 것을 듣고 무척 감명을 받았어요.

그래서 당장 여러 가지 지능 계발과 지식 교육법에 대한 책을 사서 읽어봤습니다. 아이가 엄마 뱃속에 있을 무렵부터 태교로 집에서 클래식 음악을 듣거나 배를 쓰다듬으며 아이에게 말을 걸었답니다.

아이가 태어나자마자 손끝 훈련을 시키거나 베이비 마사지를 받으러 다니는 등 날마다 눈코 뜰 새 없이 굉장히 바빴어요. 큰아들도 두 살 무렵부터 영어 회화 교실에 다니고 있어요. 벌써 2년 가까이 다니고 있어서 제법 영어를 잘한답니다. 때때로 저도 모르는 영어 단어로 말해서 당황스러울 정도예요.

그런데 어린 시절부터 두뇌를 자극하거나 영어를 배우게 하는 건 단순히 공부하는 것과는 다른 것 같아요. 아이 자신도 그것이 자연스럽다고 생각하는 듯 스스로 영어 그림책을 읽으려고 하거나 글자를 기억하려고 해요. 친구와 함께 영어를 배우니까 단체 생활도 익힐 수 있고, 예의범절 교육도 되는 것 같아요. 왜냐하면 온화한 성격의 아이로 자라고 있다고 생각하거든요. 저희 집은 남자 아이가 둘인데 말다툼을 할 때도 있지만 서로 치고받고 싸우는 경우는 거의 없어요. 둘 다 상당히 말을 잘 듣는 아이라고 생각합니다.

이것도 여러 가지 지능 계발과 지식 교육을 한 덕분이겠죠? 아이의 재능을 향상시키는 것은 부모의 역할입니다. 이제는 정말로 그런 생각이 들어요. 앞으로 두 아이가 어떤 어른으로 커갈지 자못 기대가 됩니다.

옮긴이 **안소현**
'좋은 책을 아름다운 우리말로 바르게 번역하고 싶다'는 꿈을 가진 전문 번역가.
중앙대학교 일본어학과를 졸업했다. 옮긴 책으로『돼지 너구리』『비타민 우뇌 IQ』
『언젠가 함께 파리에 가자』『아카시아』『루비앙의 비밀』『왕국은 별하늘 아래』
『소세키 선생의 사건일지』『물방울』『샤라쿠 살인사건』『인간 실격』『우리 동네 이발소』
『조금 특이한 아이, 있습니다』『사랑한다는 것』등이 있다.

0~3세 육아법 베스트 30

초판 1쇄 발행 2012년 3월 2일
초판 3쇄 발행 2013년 7월 1일

지은이 | 마르코샤 편집부
옮긴이 | 안소현
펴낸이 | 김우연, 계명훈
기획 · 진행 | fbook 김수경, 김연, 배수은, 김진경, 최윤정
마케팅 | 함송이, 강소연
디자인 | 조현자
출력 | 테크미디어
인쇄 | 미래프린팅

펴낸 곳 | for book 서울시 마포구 공덕동 105-219 정화빌딩 3층
판매 문의 | 02-753-2700(에디터)
출판 등록 | 2005년 8월 5일 제 2-4209호

값 12,000원
ISBN 978-89-93418-39-2 13590

본 저작물은 for book에서 자작권자와의 계약에 따라 발행한 것이므로
본사의 허락 없이는 어떠한 형태나 수단으로도 이 책의 내용을 이용할 수 없습니다.

※ 잘못된 책은 바꿔 드립니다.